Sandro Urb

Technische Fachwirte

Naturwissenschaft und Technik

Vorbereitung auf die IHK-Klausur
Technische Qualifikationen

Inhalt nach DIHK-Rahmenplan für die Klausur
„Naturwissenschaftliche und technische Gesetzmäßigkeiten“

Saarbrücken, Jan. 2026

Kontakt:

TFW@fachwirteverlag.de

Bibliografische Information der Deutschen Nationalbibliothek: Die Deutsche Nationalbibliothek verzeichnet diese Publikation in der Deutschen Nationalbibliografie; detaillierte bibliografische Daten sind im Internet über dnb.dnb.de abrufbar.

Umschlaggestaltung: Simone Meckel

Verlag: Fachwirteverlag, Winterbergstr. 9, 66119 Saarbrücken,
Druck: Libri Plureos GmbH, Friedensallee 273, 22763 Hamburg

ISBN: 978-3-95887-719-1

MIX
Papier aus verantwortungsvollen Quellen
Paper from responsible sources
FSC® C105338

Inhaltsverzeichnis

Zu dieser Reihe „Prüfungswissen kompakt“

Während der unmittelbaren Prüfungsvorbereitung in den letzten Wochen vor den Klausuren ist die Fülle der Skripten und ergänzenden Unterlagen oft mehr bedrohlich als hilfreich. Bei der Prüfung der Technischen Qualifikationen müssen drei, bei den Wirtschaftsbezogenen Qualifikationen vier verschiedene Klausuren vorbereitet werden. Je näher der Prüfungstermin rückt, desto häufiger ist dann die Rede vom „Mut zur Lücke“.

Diese Reihe trägt dem Bedürfnis Rechnung, für diese Phase Zusammenfassungen zu haben, die auf alles verzichten, was nicht unmittelbar prüfungsrelevant ist, aber auch nichts weglassen, was in der Klausur an Wissen gebraucht wird. Eine Garantie, dass dies gelingt, kann es sicher nicht geben. Aber annähernd ist es durchaus möglich. Bei allen Bänden stand am Anfang der Erarbeitung die Gliederung des Rahmenstoffplans und eine vollständige Analyse aller in diesem Fach in den letzten Jahren gestellten Klausurfragen.

NEWS-letter für Technische Fachwirte:
TFW@fachwirteverlag – Betr.: news

Aktuelle Informationen und Austausch:
https://www.facebook.com/groups/146665442788669

1. Chemische Reaktionen und ihre Auswirkungen

1.1 Chemische Reaktionen

Eine chemische Reaktion kann in Form einer Reaktions-gleichung dargestellt werden. So reagieren z.B. 2 Atome Natrium mit einem Molekül Chlor zu 2 Molekülen Natriumchlorid.

$2Na + Cl_2 = 2NaCl$

Bei dieser Reaktion wird Energie in Form von Wärme frei, man spricht von einer exothermen Reaktion. Läuft eine Reaktion nur unter Energiezufuhr ab, so spricht man von einer endothermen Reaktion

1.1.1 Oxidation

H2015, F2016, F2019, F2023, H2023, F2025 1b, F2025 1b, H2025 1e

Oxidation ist die Reaktion eines Stoffes mit Sauerstoff. Die Verbrennung von Holz, Öl, Kohle etc. ist eine Oxidation, aber auch z.B. das Rosten von Eisenwerkstoffen.
Beispiel:
$C + O_2 = CO_2$ (Kohlenstoffdioxid)
$2Fe + O_2 = 2FeO$ (Eisenoxid)

In vielen Fällen reicht der Sauerstoff der Luft aus, um einen Stoff zu oxidieren. Ist das nicht der Fall, wie z.B. bei einem Schweißbrenner, so muss Sauerstoff direkt zugeführt werden. Ist eine direkte Zufuhr von Sauerstoff nicht möglich, muss der benötigte Sauerstoff von Oxidationsmitteln geliefert werden. Das sind sauerstoffreiche Verbindungen, die eine relativ geringe Affinität zum Sauerstoff haben und ihn daher leicht abgeben, z.B. Kaliumnitrat KNO3. Oxidationsvorgänge sind exotherm, d.h. es wird Energie freigesetzt. Um eine Oxidation zu verhindern, z.B. beim Schweißen, werden häufig Schutzgase eingesetzt, sie verdrängen den Luftsauerstoff.

Als weitere Fachbezeichnungen werden auch die Begriffe Elektronendonator und Elektronenakzeptor verwendet. Ersteres bezieht sich auf den Stoff der oxidiert, letzteres auf den Sauerstoff.

1.1.2 Reduktion

H2015, F2021

Wird einem Stoff Sauerstoff entzogen, so spricht man von einer Reduktion. Eine Reduktion ist also die Umkehrung einer Oxidation. Um eine Reduktion hervorzurufen und aufrecht zu halten, ist meistens eine Energiezufuhr erforderlich.

Reduktionsvorgänge sind daher endotherm. Die Reduktion wird durch Stoffe hervorgerufen, die leicht Sauerstoff aufnehmen z.B. Kohlenstoff, Wasserstoff oder Kohlenstoffmonoxid.

1.1.3 Redoxreaktion

F2021

Der Sauerstoff für eine Oxidation eines Stoffes kann aus einer anderen Verbindung stammen. Diese gibt den Sauerstoff ab und wird dabei reduziert. Eine Reduktion ist also stets gekoppelt mit einer Oxidation bzw. umgekehrt. Man spricht daher von Redoxreaktionen.

Beispiel:
Kupferoxid CuO gibt den Sauerstoff an Wasserstoff ab.

$$CuO + H_2 \rightarrow Cu + H_2O$$

1.1.4 Korrosion

F2015, *H2017, H2019, H2021, H2024 1*

Korrosion bewirkt die Zerstörung von Werkstoffen durch chemische Reaktionen. Häufig sind das Oxidationsvorgänge oder die Einwirkung von Säuren.

In den meisten Fällen tritt die elektrochemische Korrosion auf. Stehen zwei unterschiedliche Metalle über eine gut leitende Flüssigkeit (Elektrolyt) miteinander in Verbindung, so fließen Elektronen vom unedleren zum edleren Metall. Dabei wird das unedlere Metall aufgelöst. Das geschieht umso schneller, je weiter die Metalle in der elektrochemischen Spannungsreihe voneinander entfernt sind. In dieser Spannungsreihe sind die Metalle nach ihrem elektrochemischen Verhalten, dem Normpotenzial, geordnet. Je edler das Metall, desto weiter steht es rechts. Die durch die elektrisch leitende Verbindung zweier Metalle entstehende Spannung ist die Differenz der zugehörigen Normpotenziale.

Beispiel:
Ein Bauteil aus Kupfer (Normpotenzial 0,34V) wird mit verzinkten Schrauben (Normpotenzial -0,76V) montiert. Es ergibt sich eine Potenzialdifferenz von

$$0{,}34V - (-0{,}76V) = 1{,}1V$$

Das edlere der beiden Metalle wird dabei praktisch nicht angegriffen, es ist geschützt.

Diese Art des Korrosionsschutzes wird als **kathodischer** Korrosionsschutz bezeichnet. Die Anode wird bei diesem Vorgang zerstört, man spricht daher von der Opferanode. Als Werkstoff für Opferanoden werden relativ unedle Metalle wie Magnesium oder Zink verwendet.

Um Korrosion und die dadurch hervorgerufenen Schäden zu vermeiden, werden Korrosionsschutzmaßnahmen ergriffen.

- Schutzmaßnahmen am Werkstück wie metallische (z.B. galvanisieren) oder nichtmetallische Überzüge, z.B. lackieren (vorher: reinigen, entfetten, grundieren, beschichten/ lackieren)
- Verwendung korrosionsbeständiger Werkstoffe
- kathodischer Korrosionsschutz

1.1.5 Recycling

Recycling chemischer Abfälle

H2025 1a

Das Recycling chemischer Abfälle, auch chemisches Recycling genannt, ist ein Verfahren, das Kunststoffabfälle durch chemische Umwandlung in Rohstoffe für die Herstellung neuer Produkte zurückverwandelt. Es ist eine Ergänzung zum mechanischen Recycling und zielt darauf ab, auch Abfälle zu verarbeiten, die mechanisch nicht recycelbar sind, wie Mischkunststoffe, Verbundmaterialien und stark verschmutzte Verpackungen. Durch Verfahren wie die Pyrolyse werden Polymere in ihre Bestandteile zerlegt und daraus Rohstoffe wie Öl gewonnen, die dann wieder zur Kunststoffherstellung oder für andere chemische Produkte genutzt werden können.

1.1.6 Periodensystem der Elemente

H2025 1b

Welche Informationen sind aus dem Periodensystem entnehmbar?

Das Periodensystem der Elemente enthält wichtige Informationen über die chemischen Elemente, wie ihre Ordnungszahl, die Anzahl der Protonen und Elektronen sowie die Einordnung in Perioden und Gruppen. Die Ordnungszahl bestimmt die Reihenfolge der Elemente und gibt die Anzahl der Protonen an, während die Periode die Anzahl der Elektronenschalen und die Hauptgruppe die Anzahl der Valenzelektronen anzeigt.

1.2 Nutzung von Wasser, Säuren und Laugen

1.2.1 Lösung von Stoffen

Bei einer Lösung trennen sich die Atome eines Moleküls voneinander und liegen in der Lösung als Ionen vor. Ionen sind elektrisch geladene Atome. Positiv geladene Ionen werden Kationen, negativ geladene Ionen Anionen genannt.

Das wichtigste Lösungsmittel ist Wasser. Wassermoleküle sind sehr stabil, zu ihrer Aufspaltung werden hohe Energiemengen benötigt.

1.2.2 Wasserhärte

H2016, H2022

Wasser ist praktisch nie ganz rein, in ihm sind Salze gelöst, insbesondere Magnesiumsalze und Calciumsalze. Diese Salze bezeichnet man als Härtebildner. Je nachdem, wieviel von dem Salz Calciumcarbonat $CaCO_3$ im Wasser gelöst ist, spricht man von weichem, mittlerem oder hartem Wasser. Die Carbonathärte oder temporäre Härte wird durch HCO_3- Ionen hervorgerufen.

Calciumcarbonat $CaCO_3$ und Magnesiumcarbonat $MgCO_3$ fallen bei Erwärmung des Wassers aus und lagern sich als Kesselstein in Rohrleitungen und Kesseln ab. Die Wasserhärte nimmt dadurch ab. Der Begriff „temporäre Härte" (vorübergehende Härte) stammt daher, dass sich dieser Teil der Wasserhärte mit der Temperatur verändern lässt.
Von der temporären Härte zu unterscheiden ist die permanente Härte oder Nichtcarbonathärte. Die im Wasser gelösten Sulfate Calciumsulfat und Magnesiumsulfat fallen beim Erwärmen des Wassers nicht aus, bleiben also unabhängig von der Temperatur erhalten.

Die Gesamthärte des Wassers setzt sich aus der temporären und der permanenten Härte zusammen. Die Maßeinheit der Wasserhärte ist Millimol pro Liter (mmol/l).

1.2.3 Eigenschaften von Wasser

H2022, F2025 3d, H2025 3a,b

- Relative Schmelz- und Siedetemperatur liegt bei, 0° bzw. 100°
- Steigt der Luftdruck über den normalen Druck von 1,013bar, so steigt die Siedetemperatur über 100°C.
- Eis hat eine geringere Dichte als flüssiges Wasser
- Dichte von Wasser: Die maximale Dichte von reinem Wasser beträgt 1 kg/dm³ oder 1 g/cm³ bei einer Temperatur von 4°C.
  $m = V \cdot \rho$
  1l Wasser entspricht m = 1kg
  $m = 1\ \cancel{dm^3} \cdot 1\ kg/\cancel{dm^3} = 1\ kg$
- Große Wärmekapazität (4,18 kj/kg·K, Heizung)
- Insbesondere auf eisenhaltige Stoffe wirkt Wasser stark korrosiv
- geringe elektrische Leitfähigkeit und Wärmeleitfähigkeit

1.2.4 Wasserenthärtung

H2018, H2020, H2022

Hartes Wasser bringt eine Reihe von Nachteilen mit sich. Wird es erwärmt, so kommt es zur Bildung von Kesselstein. Dadurch kommt es zu einer Isolation des Wassers von der Wärmequelle, der Wirkungsgrad der Anlage sinkt. Das führt zu einem erhöhten Brennstoffverbrauch und eventuell zu einer Überhitzung der Kesselbleche. Platzt der Kesselstein ab, besteht Explosionsgefahr.

Durch die Kalkablagerungen kann es zur Verstopfung von Rohrleitungen kommen. Je härter das Wasser bei Waschvorgängen ist, desto mehr Waschmittel wird benötigt.
Um diese Nachteile zu vermeiden, wird das Wasser enthärtet. Hierzu stehen verschiedene Methoden zur Verfügung

- Erwärmen des Wassers auf über 62°C. Nachteil dieser Methode ist die Ablagerung von Kesselstein
- Einsatz von Ionentauschern
- Entsalzer
- Umkehrosmose

1.2.5 Säuren und Basen

F2017, F2018, F2020, F2022, F2024, F2025 1a,c,d, H2025 d

Säuren sind Verbindungen, die in wässeriger Lösung zerfallen (dissoziieren). Sie geben dabei H^+-Ionen ab.
Beispiel:
In wässeriger Lösung spaltet sich HCL in seine Ionen H^+ und CL^- auf

$$HCL + H_2O \longrightarrow H^+ + CL^-$$

$$NaCL + H_2O \longrightarrow Na^+ + CL^-$$

Die Abspaltung von H^+-Ionen in wässeriger Lösung ist charakteristisch für Säuren. Die H^+-Ionen rufen die saure Wirkung hervor. Ihre Konzentration wird mit dem pH-Wert gemessen.

Basen oder Alkalische Lösungen, sind Verbindungen, die in wässeriger Lösung zerfallen und dabei OH^--Ionen abgeben.

Beispiel:
In wässeriger Lösung spaltet sich Natriumhydroxid NaOH in seine Ionen Na^+ und OH^- auf. Die OH-Ionen rufen die basische Wirkung hervor. Ihre Konzentration wird ebenfalls mit dem pH-Wert gemessen.

Der pH-Wert

Der pH-Wert misst die Konzentration an H^+ -Ionen und OH^- -Ionen. Er gibt an, wie stark sauer oder basisch eine Lösung ist. Je mehr H^+ -Ionen in einer Lösung enthalten sind, desto niedriger ist der pH-Wert. Je mehr OH^- -Ionen in einer Lösung enthalten sind, desto höher ist der pH-Wert. Neutrale Lösungen haben den pH-Wert 7. Bei sauren Lösungen liegt der pH-Wert im Bereich von 0-7, bei basischen Lösungen liegt der pH-Wert zwischen 7 und 14. Der pH-Wert kann mit Indikatoren bestimmt werden. Sie färben sich bei typischen pH-Werten. Einfacher und genauer erfolgt die Bestimmung elektronisch mit einem pH-Meter.

Neutralisation

Neutralisation ist eine chemische Reaktion von Säure und Base zu Salz und Wasser. Die H^+ -Ionen einer Säure reagieren mit den OH^- -Ionen einer Base zu Wasser. Aus den Säurerestionen und den Basenrestionen entsteht ein Salz. Die Neutralisationsreaktion läuft immer nach folgendem Schema ab:

Base + Säure ⟶ *Salz + Wasser*

Welches Salz entsteht, hängt von der beteiligten Säure und Base ab.

Beispiel:
Natronlauge und Salzsäure

$$NaOH + HCL \longrightarrow NaCL + H_2O$$

NaCL = Natriumchlorid (Kochsalz)

Kalilauge + Salpetersäure

$$KOH + HNO_3 \longrightarrow KNO_3 + H_2O$$

KNO_3 = Kaliumnitrat (Salpeter)

Beispiel:
Batteriesäure wird durch destilliertes Wasser verdünnt, um die Säurestufe zu verringern, der pH-Wert steigt an. Säure färbt Lackmuspapier rot (Basen färben Lackmuspapier blau).
Mögliche Gefahren sind Verätzung der Haut, insbesondere der Augen, die Vermischungsreihenfolge (Erst das Wasser dann die Säure...), ist zu beachten.
Schutzmaßnahmen sind Tragen von geeigneter Schutzbekleidung und Schutzbrillen, umweltgerechte Entsorgung.

Saurer Regen....
Als sauren Regen bezeichnet man Niederschlag, dessen pH-Wert niedriger ist als der pH-Wert, der sich in reinem Wasser durch den natürlichen Kohlenstoffdioxidgehalt der Atmosphäre einstellt (pH-Wert ≤ 5,5).
Saurer Regen wird vor allem durch säurebildende Abgase wie Schwefeldioxid und Stickoxiden aus Kraftwerken und Fahrzeugen verursacht. Diese entstehen vor allem durch die Verbrennung fossiler Brennstoffe. In der Atmosphäre finden chemische Reaktionen statt, in denen diese Gase Säuren bilden. Dadurch wird der pH-Wert des Regens gesenkt.

Anwendungen für Säuren
industrielle Verwendung:

- Salpetersäure: HNO_3
- Schwefelsäure H_2SO_4, (Batterien, saurer Regen)
- Salzsäure: HCl (Beizen)
- Flusssäure: HF (auch Computerchips)

Lebensmittelindustrie:

- Phosphorsäure: H_3PO_4 (Cola, Erbgut)
- Kohlensäure: H_2CO_3 (auch Technik, Atmosphäre)
- Essigsäure: CH_3COOH

Allgemein:

- Produktion von Desinfektionsmitteln und Reinigungsmitteln

Auswirkungen des Sauren Regens:

- Gebäude aus Kalkstein werden vom Sauren Regen angegriffen; Metalloxide können entstehen, wodurch ionisierte Schwermetalle das Grundwasser belasten
- Unterstützt sehr stark Rostbildung in Eisenwerkstoffen aller Art
- Bei Werkstoffen aus Kunststoff können die Alterungsprozesse beschleunigt werden, wie z. B. Fensterprofile, Folien, Abdeckungen usw.

Gegenmaßnahmen in Kraftwerken, Fahrzeugen, Haushalten:

- Seit den 80ern werden Entschwefelungsanlagen in der Industrie installiert, um Schwefeloxide zu minimieren
- Stickstoffoxide werden durch den Einsatz von Katalysatoren (Partikelfilter) reduziert

- In übersäuerten Böden Kalk mischen (mit Hubschraubern über Wäldern).
- Durch Verwendung von A- klassifizierten Elektrogeräten, lässt sich der Energieverbrauch senken (E-Herde, Waschmaschinen, Glühlampen…)

Worauf sollte beim Umgang mit Säuren und Laugen geachtet werden?

Die Verwendung einer PSA - Persönliche Schutzausrüstung, wie Schutzbrille, geeignete Handschuhe, Atemschutz usw. können Unfälle und Schäden am Körper vermeiden.

1.2.6 Abfallwirtschaft

F2025 1c,f

Welche Folgen können unsachgemäße entsorgte **Industrieabwässer** nach sich ziehen?

-Die Schadstoffe reichern sich in Fischen, Krebstieren und anderen Organismen an und beeinträchtigen ihre Fortpflanzung und Gesundheit, was letztendlich zum Massensterben führen kann.

- Giftige Chemikalien und andere Schadstoffe aus den Abwässern können in den Grundwasserleiter gelangen, der eine wichtige Quelle für Trinkwasser ist.

Wie tragen Industrielle Wasserkreislaufsysteme zum Umweltschutz bei?

In der Industrie ermöglichen geschlossene Kreislaufsysteme eine Aufbereitung und Wiederverwendung des Prozesswassers direkt vor Ort. Dies kann den Wasserverbrauch um bis zu 95 % senken und die Gewässer vor Industrieabwässern schützen.

2. Wärmelehre

2.1 Temperatur und Temperaturmessung

Der Wärmezustand eines Stoffes wird als Temperatur bezeichnet. Als Einheit für die Messung der Temperatur verwendet man den 100. Teil des Temperaturunterschiedes zwischen dem Gefrierpunkt und dem Siedepunkt des Wassers. Diese Einheit wird als Celsiusgrad (°C) bezeichnet, das entsprechende Formelzeichen ist ϑ (Theta). Bei einer Reihe von Vorgängen ist es zweckmäßig, mit der absoluten Temperatur zu arbeiten. Sie wird in Kelvin (K) angegeben und erhält das das Formelzeichen T.

Es gilt: 1°C = 1K
→ Die Schrittweite bei Umrechnungen bleibt stets bei 1.
0 K =-273,15 °C

Beispiel: T =+20°C + 273,15K = 293,15K
Beispiel: T = -10°C + 273,15K = 263,15K

Die Einheit °C , unterscheidet somit z.B.: -10°C unter 0°, +20°C, über Null Grad. Diese Unterscheidung in unter Null (Minus), oder über Null(Plus)- Temperaturen gibt es auf der Kelvin- Skala so nicht. Es gilt: 0°C = 273K
Die Einheit 1 Kelvin stellt genau die gleiche Temperaturstufe dar wie 1°C (Schrittweite 1). Aus diesem Grund hat jede Temperaturdifferenz in beiden Skalen denselben Zahlenwert.

2.2 Wärmeausdehnung

2.2.1 Längenausdehnung

F2018, F2021, H2021, F2024 2

Fast alle Körper dehnen sich mit zunehmender Erwärmung aus. Um welchen Betrag im Verhältnis zur Ausgangslänge sich ein Werkstoff bei einer Temperaturänderung vergrößert oder verkleinert, gibt der Längenausdehnungskoeffizient ${}_{\alpha}L$ an.

Die Längenänderung Δl wird berechnet mit

$$Dl = l_0 \cdot \alpha_L \cdot DT$$

Dl = Längenänderung
${}_{\alpha}L$ = Längenausdehnungskoeffizient
DT = Temperaturdifferenz

Die Länge nach der Erwärmung (l) ist dann

$$l = l_0 + Dl$$
$$l = l_0 + \alpha_L \cdot \alpha_L \cdot DT$$
$$l = l_0 \cdot (1 + \alpha_L \cdot DT)$$

Die Länge nach einer Abkühlung beträgt

$$l = l_0 - Dl$$
$$l = l_0 - \alpha_L \cdot \alpha_L \cdot DT$$
$$l = l_0 \cdot (1 - \alpha_L \cdot DT)$$

Beispiel:
Eine Schiene aus Stahl hat bei 20°C eine Länge von 30m
a) Wie groß die Längenänderung, wenn sich die Schiene auf 50°C erwärmt?
b) Wie groß ist dann die Gesamtlänge?

a)

$Dl = l_0 \cdot \alpha L \cdot DT$

$$l = 30m \cdot 0{,}000012\frac{1}{°C} \cdot 30°C$$

$Dl = 0{,}0108m$

b)

$l = l_0 + Dl$

$l = 30m + 0{,}0108m$

$\underline{l = 30{,}0108m}$

oder

$l = l_0 \cdot (1 + \alpha_L \cdot DT)$

$$l = 30m \cdot (1 + 0{,}000012\frac{1}{°C} \cdot 30°C)$$

$\underline{l = 30{,}0108m}$

2.2.2 Volumenausdehnung

H2015, F2016, H2016, H2020, H2021, H2024 2

Entsprechend dem Längenausdehnungskoeffizienten wird für die Volumenausdehnung der Volumenausdehnungskoeffizient eingesetzt. Die Volumenausdehnung ΔV wird dann berechnet mit

$$DV = V_0 \cdot \alpha_V \cdot DT$$

DV = Volumenänderung
α_V = Volumenausdehnungskoeffizient
DT = Temperaturdifferenz

Für flüssige Stoffe ist der Wert α_V direkt den entsprechenden Tabellen zu entnehmen.
Bei festen Stoffen muß α_V berechnet werden:

$$\alpha_V = 3 \cdot \alpha_L$$

Das Volumen nach Erwärmung beträgt dann

$$V = V_0 + DV$$
$$V = V_0 + V_0 \cdot \alpha_V \cdot DT$$
$$V = V_0 \cdot (1 + \alpha_V \cdot DT)$$

Das Volumen nach Abkühlung ist

$$V = V_0 - DV$$
$$V = V_0 - V_0 \cdot \alpha_V \cdot DT$$
$$V = V_0 \cdot (1 - \alpha_V \cdot DT)$$

Beispiel:
2500 cm³ Wasser werden von 20 °C auf 80 °C erwärmt. Wie groß ist die Volumenzunahme?

$$DV = V_0 \cdot \alpha_V \cdot DT$$

$$DV = 2500\ cm^3 \cdot 0{,}00018\ \frac{1}{°C} \cdot 60\ °C$$

$$DV = 27\ cm^3$$

Beispiel:
2 m³ Heizöl werden von 25 °C auf 10 °C abgekühlt. Um wieviel Prozent verringert sich das Volumen durch die Abkühlung?

$DV = V_0 \cdot \alpha V \cdot DT$

$DV = 2\ m^3 \cdot 0{,}00096 \frac{1}{°C} \cdot 15\ °C$

$DV = 0{,}0288 m^3$

$DV / V_0 = \frac{0{,}0288\ m^3}{2\ m^3} = 0{,}0144 = 1{,}44\%$

Beispiel:
Ein Benzintank aus Stahl hat bei 20 °C ein Volumen von 60 Litern. Durch Sonneneinstrahlung kommt es zu einer Temperaturerhöhung auf 50 °C. Berechnen Sie, wieviel Liter Benzin bei 20 °C maximal in den Tank eingefüllt werden dürfen.
Tankvolumen bei 50°C

$V_T = V_{0T} \cdot (1 + 3\alpha_L \cdot DT)$

$V_T = 60\ l \cdot (1 + 3 \cdot 0{,}000012 \frac{1}{K} \cdot 30K)$

$V_T = 60{,}0648$ Liter

Max. **Benzinvolumen** bei 20°C

$V_B = V_{0B} \cdot (1 + \alpha_v \cdot \Delta T)$ ($V_{Benzin} = V_{Tank}$)

$$V_{0B} = \frac{V_B}{1 + \alpha_v \cdot \Delta T}$$

$$V_{0B} = \frac{60{,}0648}{1 + 0{,}0011 \frac{1}{K} \cdot 30K}$$

$V_{0B} = 58{,}146$ Liter

2.2.3 Ausdehnung von Gasen

F2025 2c

Gase sind im Gegensatz zu Feststoffen oder Flüssigkeiten kompressibel. Das bedeutet, dass bei der Berechnung der Ausdehnung von Gasen die Zustände Druck, Volumen und Temperatur zu berücksichtigen sind. Unterscheidet man diese drei Zustände durch Zahlenindizes, so erhält man die allgemeine Gasgleichung

$$(p_1 \cdot V_1) / T_1 = (p_2 \cdot V_2) / T_2$$

p = absoluter Druck

V = Volumen

T = absolute Temperatur

Beispiel:
Eine Luftmenge von $9m^3$ weist bei einer Temperatur von ϑ_1 = 25°C einen Druck von 0,95 bar auf. Auf welchen Wert steigt der Druck an, wenn das Volumen bei ϑ_2 = 190°C auf $12m^3$ angewachsen ist?

$V_1 = 9m^3$ $\quad$ $V_2 = 12m^3$

$T_1 = 25°C + 273{,}15K = 298{,}15K$,

$T_2 = 190°C + 273{,}15K = 463{,}15K$,

$p_1 = 0{,}95$ bar

$(p_1 \cdot V_1) / T_1 = (p_2 \cdot V_2) / T_2$

$p_1 \cdot V_1 \cdot T_2 = p_2 \cdot V_2 \cdot T_1$

$p_2 = (p_1 \cdot V_1 \cdot T_2) / (V_2 \cdot T_1)$

$p_2 = (0{,}95bar \cdot 9\ m^3 \cdot 463{,}15K) / (12cm^3 \cdot 298{,}15K)$

$p_2 = 1{,}107bar$

Beispiel:
Eine Sechszylinder- Verbrennungsmaschine, mit drei Liter Hubraum und einem Kolbendurchmesser von 90 mm, hat ein Verdichtungsverhältnis von 1:18.
Wie hoch ist der Druck im Verbrennungsraum bei einer Temperatur des verdichteten Gases von 850°C. und einer Ansaugtemperatur von 25 °C?

3l / 6 Zylinder = 0,5l = 500 dm^3

Verdichtungsverhältnis von 1:18
500 dm^3: 1 = 500 dm^3
500 dm^3 / 18 = 27,78 dm^3

T_1 = 25°C = 298,15K

T_2 = 850°C = 1.123,15K

$(p_1 \cdot V_1) / T_1 = (p_2 \cdot V_2) / T_2$

$p_1 \cdot V_1 \cdot T_2 = p_2 \cdot V_2 \cdot T_1$

$p_2 = (p_1 \cdot V_1 \cdot T_2) / (V_2 \cdot T_1)$

p_2 =(1bar · 500 dm^3· 1.123,15K) / (27,78 dm^3 · 298,15K)

p_2 = 67,8 bar

2.3 Wärme als Energie

2.3.1 Wärmemenge

H2015, F2017, F2019, H2019, F2020, F2021, F2022, H2022, F2024 3, H2025 3c

Die Wärmemenge, die zur Erwärmung einer Stoffmenge benötigt wird, hängt ab von der Masse, der Temperatur-differenz und der spezifischen Wärmekapazität. Die spezifische Wärmekapazität ist die Wärmemeng, die erforderlich ist, um 1 kg eines Stoffes um 1°C (oder 1K) zu erwärmen.

$Q = m \cdot c \cdot \Delta T$ Q = Wärmemenge
c = spez. Wärmekapazität
ΔT = Temperaturdifferenz

Beispiel:
Es sollen 250 kg Wasser von 20 °C auf 70 °C erwärmt werden. Wie groß ist die benötigte Wärmemenge?

$$Q = m \cdot c \cdot \Delta T$$
$$Q = 250\ kg \cdot 4{,}18\ kJ/(kg\ °C) \cdot 50°C$$
$$Q = 52250\ kJ$$

2.3.2 Wärmemischung

Für die Vermischung von *Wärmemengen* gilt:
$Q_m = Q_1 + Q_2$
$Q_m = m_1 \cdot c_1 \cdot \vartheta_1 = m_2 \cdot c_2 \cdot \vartheta_2$

Wird die Mischungs*temperatur* gesucht, so ergibt ergibt sich folgende Formel:
$\vartheta_m = (m_1 \cdot c_1 \cdot \vartheta_1 + m_2 \cdot c_2 \cdot \vartheta_2) / (m_1 \cdot c_2 + m_2 \cdot c_2)$

Für den Fall, dass zwei *gleiche* Stoffe miteinander gemischt werden, gilt $c_1 = c_2$

Dann vereinfacht sich die Formel zu
$\vartheta_m = (m_1 \cdot \vartheta_1 + m_2 \cdot \vartheta_2) / (m_1 + m_2)$

Beispiel:
Ein Meißel von 0,75kg wird zum Härten in 10l Wasser von 20°C abgeschreckt. Die Härtetemperatur betrug 850°C.
Welche Wassertemperatur stellt sich ein?

1°C = 1K

$\vartheta_m = (m_1 \cdot c_1 \cdot \vartheta_1 + m_2 \cdot c_2 \cdot \vartheta_2) / (m_1 \cdot c_2 + m_2 \cdot c_2)$

$$\vartheta_m = \frac{0{,}75\text{kg} \cdot \left(0{,}51\frac{\text{kJ}}{[\text{kg}\cdot{}^\circ\text{C}]}\right) \cdot 850\text{K} + 10\text{kg} \cdot \left(4{,}18\frac{\text{kJ}}{[\text{kg}\cdot{}^\circ\text{C}]}\right) \cdot 20^\circ\text{C}}{0{,}75\text{kg} \cdot \left(0{,}51\frac{\text{kJ}}{[\text{kg}\cdot{}^\circ\text{C}]}\right) + 10\text{kg} \cdot \left(4{,}18\frac{\text{kJ}}{[\text{kg}\cdot{}^\circ\text{C}]}\right)}$$

$\vartheta_m = 27{,}53\ ^\circ C$

Die spezifische Wärmekapazität c ist den entsprechenden Tabellen zu entnehmen. *Einheitlich* kann anstelle von Kelvin (K) auch Celsius (°C) eingesetzt werden.

Beispiel:
20l Wasser von 80°C werden mit 40l Wasser von 15°C gemischt. Welche Mischungstemperatur stellt sich ein?

$\vartheta_m = (m_1 \cdot \vartheta_1 + m_2 \cdot \vartheta_2) / (m_1 + m_2)$

$\vartheta_m = (20kg \cdot 80\ ^\circ C + 40kg \cdot 15\ ^\circ C) / (20kg + 40kg)$

$\vartheta_m = 36{,}7\ ^\circ\text{C}$

2.4 Änderung des Aggregatzustandes

2.4.1 Schmelzwärme

F2015, F2017, H2017, F2018, H2018, F2020, F2021

Die Stoffe treten in drei verschiedenen Aggregatzuständen auf: fest, flüssig und gasförmig. Die Umwandlung vom festen zum flüssigen Zustand erfolgt beim Schmelzpunkt. In umgekehrter Richtung, also vom flüssigen zum festen Zustand erfolgt die Umwandlung bei derselben Temperatur, dem Erstarrungspunkt. Die Wärmemenge, die benötigt wird, um 1kg eines Stoffes zu schmelzen, ist die spezifische Schmelzwärme.

$Q_q = m \cdot q$

Q_q =	Schmelzwärme Erstarrungswärme
m =	Masse
q =	spez. Schmelzwärme spez. Erstarrungswärme

Genau diese Wärmemenge wird wieder freigesetzt, wenn 1kg eines Stoffes vom flüssigen in den festen Zustand übergeht.

Beispiel:
Ein Gußteil aus Aluminium mit der Masse 30kg erstarrt in der Form. Welche Wärmemenge wird durch das Erstarren frei?

$Q_q = m \cdot q$
$Q_q = 30kg \cdot 403{,}6\ kJ/kg$
$Q_q = 12108\ kJ$

2.4.2 Verdampfungswärme

F2025 3a,b,c

Die Umwandlung vom flüssigen zum gasförmigen Zustand erfolgt beim Siedepunkt. In umgekehrter Richtung, also vom gasförmigen zum flüssigen Zustand bei derselben Temperatur, dem Kondensationspunkt. Soll die Masse m einer Flüssigkeit in Dampf überführt werden, so beträgt die dazu benötigte Wärme

$Q_r = m \cdot r$

Q_r =	Verdampfungswärme Kondensationswärme
r =	spez. Verdampfungswärme spez. Kondensationswärme
m =	Masse

Die zum Verdampfen einer Flüssigkeit benötigte Wärme wird beim Kondensieren wieder freigesetzt.

Die größte Dichte von Wasser liegt bei +4°C. Die Dichte von gefrorenem Wasser, Eis (ab 0°C) beträgt 092 kg/dm^3. Eis hat somit eine geringere Dichte als flüssiges Wasser. Dieser Fakt erklärt gleichzeitig weshalb Eis im Wasser schwimmt.

Beispiel:

8kg Eis haben eine Temperatur von -15°C. Welche Wärmemenge ist erforderlich, um es vollständig zu verdampfen?

1. Erwärmen des Eises auf 0°C

$$Q_1 = m \cdot c_{Eis} \cdot \Delta T$$
$$Q_1 = 8\text{kg} \cdot 2{,}09\text{kJ/(kg °C)} \cdot 15\text{°C}$$
$$Q_1 = 250{,}8\text{kJ}$$

2. Schmelzen des Eises

$$Q_q = m \cdot q$$
$$Q_q = 8\text{kg} \cdot 335\text{kJ/kg}$$
$$Q_q = 2680\text{kJ}$$

3. Erwärmen des Wassers auf 100°C

$Q_2 = m \cdot c_w \cdot \Delta T$

Q_2 = 8kg · 4,18kJ/(kg °C) · 100°C

Q_2 = 3344kJ

4. Verdampfen des Wassers

$Q_r = m \cdot r$

Q_r = 8kg · 2260kJ/kg

Q_r = 18080kJ

5. Gesamtwärmemenge

$Q_{ges} = Q_1 + Q_q + Q_2 + Q_r$

Q_{ges} = 24354,8kJ

2.5 Verbrennungswärme

H2021, H2022, H2024 3b

Die bei Verbrennungen freigesetzte Wärmeenergie wird als Verbrennungswärme bezeichnet.

Bei festen und flüssigen Brennstoffen bezieht man den spezifischen Heizwert Hi (Hu) auf 1 kg Masse, bei gasförmigen Brennstoffen ist die Bezugsgröße der Normalkubikmeter. Die bei der Verbrennung freiwerdende Wärmeenergie beträgt bei festen und flüssigen Brennstoffen

$$Q = m \cdot H_i\,(H_u)$$

und bei gasförmigen Brennstoffen

$$Q = V \cdot H_i\,(H_u)$$

Q = Wärmemenge
m = Masse
V = Volumen
$H_i\,(H_u)$ = spezifischer Heizwert

Beispiel:

Wieviel m^3 Erdgas sind erforderlich, um 60 Liter Wasser von 15 °C auf 70 °C, bei einer Energieeffizienz von 60%, zu erwärmen?

Benötigte Wärmemenge

$$Q = m \cdot c \cdot \Delta T$$
$$Q = 60\ \text{kg} \cdot 4{,}18\ \text{kJ/ (kg °C)} \cdot 55\ \text{°C}$$
$$Q = 13794\ \text{kJ}$$

Benötigte Erdgasmenge

$$Q = Hu \cdot V$$
$$V = Q\,/(Hu \cdot \eta)$$
$$V = 13794\ \text{kJ} / (35000\ \text{kJ} / m^3 \cdot 0{,}6)$$
$$V = 0{,}657 m^3$$

3 Bewegungsvorgänge

3.1 Gleichförmige Bewegung

3.1.1 Gleichförmig geradlinige Bewegung

H2019,

Die gleichförmige Geschwindigkeit ist definiert als Quotient aus Wegabschnitt und Zeitabschnitt

$v = s/t$

v = Geschwindigkeit

s = Wegabschnitt

t = Zeitabschnitt

Beispiel:

Ein PKW fährt mit 120 km/h auf der Autobahn. Welche Strecke legt er in 15 min zurück?

$v = s/t$

$s = v \cdot t$

$s = 120\ \text{km/h} \cdot 0{,}25\ \text{h} = 30\ \text{km}$

3.1.2 Gleichförmig kreisförmige Bewegung

H2024 2c,

Die Umfangsgeschwindigkeit einer gleichförmigen Drehbewegung ist der Quotient aus Wegabschnitt und Zeitabschnitt.

$v = d \cdot \pi \cdot n$

v = Umfangsgeschwindigkeit

d = Durchmesser

n = Drehzahl

An Stelle der Drehzahl berechnet man die Umfangsgeschwindigkeit auch mit der Winkelgeschwindigkeit.

$v = r \cdot \omega$

ω = Winkelgeschwindigkeit

r = Radius

$\omega = 2 \cdot \pi \cdot n$

Beispiel:

Die Seiltrommel eines Kranes hat einen Durchmesser von 250 mm. Sie wird mit 50 1/min gedreht. Die Leistung an der Abtriebswelle des Elektromotors beträgt 1500W.

a) Berechnen Sie die Hubgeschwindigkeit

b) Berechnen Sie die Winkelgeschwindigkeit der Trommel

c) Berechnen Sie die Hubgeschwindigkeit mit Hilfe der Winkelgeschwindigkeit

d) Ermittle das Drehmoment am Antrieb der Seiltrommel

a) $v = d \cdot \pi \cdot n$

$v = 0{,}25\text{m} \cdot \pi \cdot 50/60\text{s} \quad = 0{,}654 \text{ m/s}$

b) $\omega = 2 \cdot \pi \cdot n$

$\omega = 2 \cdot \pi \cdot 50/60\text{s} \quad = 5{,}24 \text{ 1/s}$

c) $v = r \cdot \omega$

$v = 0{,}125\text{m} \cdot 5{,}24\ 1/\text{s} \quad = 0{,}654\ \text{m/s}$

d) $M = \frac{Pab}{\omega}\ \frac{1500\ W}{5{,}24\ 1/s} = 286{,}6\ Nm$ ($1\text{W} = 1\,\frac{\text{Nm}}{s}$)

3.2 Ungleichförmige geradlinige Bewegung

F2015,

3.2.1 Gleichförmig beschleunigte Bewegung aus dem Stand - *H2015,*

Bei zunehmender Geschwindigkeit bezeichnet man eine Bewegung als beschleunigt. Der Quotient aus der Geschwindigkeitsänderung und dem Zeitabschnitt wird als Beschleunigung bezeichnet.

$$a = \frac{v}{t}$$

$$v = a \cdot t$$

$$v = \sqrt{2 \cdot a \cdot s}$$

v = Endgeschwindigkeit
t = Zeit
a = Beschleunigung
s = Weg

Der beim Beschleunigungsvorgang zurückgelegte Weg lässt sich je nach gegebenen Werten berechnen mit

$$s = \frac{1}{2} \cdot v \cdot t$$

$$s = \frac{1}{2} \cdot a \cdot t^2$$

$$s = \frac{v^2}{2 \cdot a}$$

Alle Formeln können auch für den freien Fall verwendet werden, dafür wird die allgemeine Beschleunigung, a, durch die Fallbeschleunigung mit, $g = 9{,}81\ m/s^2$, ersetzt.

Beispiel:
Ein PKW wird aus dem Stand in 10 Sekunden auf 100 Km/h beschleunigt.
a) Wie groß ist die Beschleunigung?
b) Wie groß ist der beim Beschleunigungsvorgang zurückgelegte Weg?

a) $a = \frac{v}{t}$ 100 km/h = 27,78 m/s

$$a = \frac{27{,}78\ {}^{m}/_{s}}{10\ s} = 2{,}778\ {}^{m}/_{s^2}$$

b) $s = \frac{1}{2} \cdot v \cdot t$

$$s = \frac{1}{2} \cdot 27{,}78\ \frac{m}{s} \cdot 10\ s$$

$\underline{s = 138{,}9\ m}$

oder

$$s = \frac{1}{2} \cdot a \cdot t^2$$

$$s = \frac{1}{2} \cdot 2{,}778\ \frac{m}{s^2} \cdot (10\ s)^2$$

$\underline{s = 138{,}9\ m}$

oder

$$s = \frac{v^2}{2 \cdot a}$$

$$s = \frac{\left(27{,}78\ \frac{m}{s}\right)^2}{2 \cdot 2{,}778\ \frac{m}{s^2}}$$

$\underline{s = 138{,}9\ m}$

3.2.2 Gleichmäßig verzögerte Bewegung bis zum Stillstand

Die Formeln zur Berechnung dieser Bewegung sind identisch mit denen der beschleunigten Bewegung aus dem Stand. Die Geschwindigkeit v ist die Anfangsgeschwindigkeit.

$$v = a \cdot t$$

$$v = \sqrt{2 \cdot a \cdot s}$$

$$s = \frac{1}{2} \cdot v \cdot t$$

$$s = \frac{1}{2} \cdot a \cdot t^2$$

$$s = \frac{v^2}{2 \cdot a}$$

Beispiel:
Ein PKW soll aus 60 km/h auf 15 m zum Stehen gebracht werden. Welche Verzögerung müssen die Bremsen hervorrufen, und wie lange dauert der Bremsvorgang?

$$s = \frac{v^2}{2 \cdot a}$$

$$a = \frac{v^2}{2 \cdot s}$$

$$a = \frac{\left(16{,}67\frac{m}{s}\right)^2}{2 \cdot 15}$$

$$a = 9{,}26\frac{m}{s^2}$$

$$t = \frac{v}{a}$$

$$t = \frac{16{,}67\frac{m}{s}}{9{,}26\frac{m}{s^2}}$$

$$t = 1{,}8\ s$$

oder:

$$\mathrm{t} = \frac{2 \cdot \mathrm{s}}{\mathrm{v}}$$

$$\mathrm{t} = \frac{2 \cdot 15\ \mathrm{m}}{16{,}67\ \frac{\mathrm{m}}{s}}$$

$$\underline{\mathrm{t} = 1{,}8\ \mathrm{s}}$$

oder:

$$\mathrm{t} = \sqrt{\frac{2 \cdot \mathrm{s}}{\mathrm{a}}}$$

$$\mathrm{t} = \sqrt{\frac{2 \cdot 15\ \mathrm{m}}{9{,}26\ \frac{\mathrm{m}}{\mathrm{s}^2}}}$$

$$\underline{\mathrm{t} = 1{,}8\ \mathrm{s}}$$

3.2.3 Gleichförmig beschleunigte Bewegung mit Anfangsgeschwindigkeit

H2015,

Besitzt der Körper zu Beginn des Beschleunigungsvorganges bereits eine Anfangsgeschwindigkeit, so muss der Geschwindigkeitszuwachs zur Anfangsgeschwindigkeit addiert werden.

$v_t = v_0 + a \cdot t$ v_t = Endgeschwindigkeit
v_0 = Anfangsgeschwindigkeit
a = Beschleunigung
t = Beschleunigungszeit
s = Beschleunigungsweg

Der beim Beschleunigungsvorgang zurückgelegte Weg lässt sich dann je nach gegebenen Werten berechnen.

$$S = \frac{1}{2} \cdot (v_0 + v_t) \cdot t$$
$$S = v_0 \cdot t + \frac{1}{2} \cdot a \cdot t^2$$
$$S = v_t \cdot t - \frac{1}{2} \cdot a \cdot t^2$$

Beispiel:
Ein PKW fährt mit 60 km/h. Der Fahrer gibt 8 Sekunden Gas und erzeugt eine Beschleunigung von 1,62 m/s^2
a) Welche Geschwindigkeit wird vom Fahrzeug erreicht?
b) Welcher Weg wird beim Beschleunigen zurückgelegt?

a)

60 km/h = 16,67 m/s
$v_t = v_0 + a \cdot t$
v_t = 16,67 m/s + 1,62 m/s^2 · 8s
v_t = 29,13 m/s = 106,7 km/h

b)

$$s = \frac{1}{2} \cdot \left(16{,}67\,\frac{m}{s} + 29{,}63\,\frac{m}{s}\right) \cdot 8s = 185{,}2\ m$$

oder

$$s = 16{,}67\,\frac{m}{s} \cdot 8s + \frac{1}{2} \cdot 1{,}62\,\frac{m}{s^2} \cdot (8s)^2 = 185{,}2\ m$$

oder

$$s = 29{,}63\,\frac{m}{s} \cdot 8s - \frac{1}{2} \cdot 1{,}62\,\frac{m}{s^2} \cdot (8s)^2 = 185{,}2\ m$$

3.2.4 Gleichförmig verzögerte Bewegung mit Endgeschwindigkeit

Bei einer gleichmäßig verzögerten Bewegung nimmt die Geschwindigkeit ab. Die Geschwindigkeitsdifferenz muss von der Anfangsgeschwindigkeit abgezogen werden.

$v_t = v_0 - a \cdot t$

v_t = Endgeschwindigkeit
v_0 = Anfangsgeschwindigkeit
a = Verzögerung
t = Zeit
s = Bremsweg

Der Bremsweg lässt sich dann je nach gegebenen Werten berechnen.

$$s = \frac{1}{2} \cdot (v_0 + v_t) \cdot t$$

$$s = v_0 \cdot t - \frac{a}{2} \cdot t^2$$

$$s = v_t \cdot t + \frac{a}{2} \cdot t^2$$

Beispiel:
Ein PKW fährt mit 126 km/h. Der Fahrer bremst 3 Sekunden lang und erreicht eine Verzögerung von 7 m/s^2.

a) Welche Geschwindigkeit hat der PKW am Ende des Bremsvorgangs?
b) Wie groß ist der Bremsweg?

a) $v_t = v_0 - a \cdot t$ 126 km/h = 35 m/s

$v_t = 35\ m/s - 7\ m/s^2 \cdot 3\ s = \underline{14\ m/s} = \underline{50{,}4\ km/h}$

b) $$s = \frac{1}{2} \cdot \left(35\frac{m}{s} + 14\frac{m}{s}\right) \cdot 3s = 73{,}5\ m$$

oder

$$s = 35\,\frac{m}{s} \cdot 3s - \frac{7\,\frac{m}{s^2}}{2} \cdot (3s)^2 = 73{,}5\ m$$

oder $$s = 14\,\frac{m}{s} \cdot 3s + \frac{7\,\frac{m}{s^2}}{2} \cdot (3s)^2 = 73{,}5\ m$$

4 Kräfte und Momente

F2016,

Eine Kraft wird an ihren Auswirkungen erkannt. Die beiden Auswirkungen sind Formänderung oder Bewegung. Die Wirkung einer Kraft auf einen Körper lässt sich nur exakt angeben, wenn

der Betrag der Kraft
die Lage der Wirklinie und
der Richtungssinn

bekannt sind.
Die Kraft wird daher zeichnerisch durch einen Pfeil dargestellt.

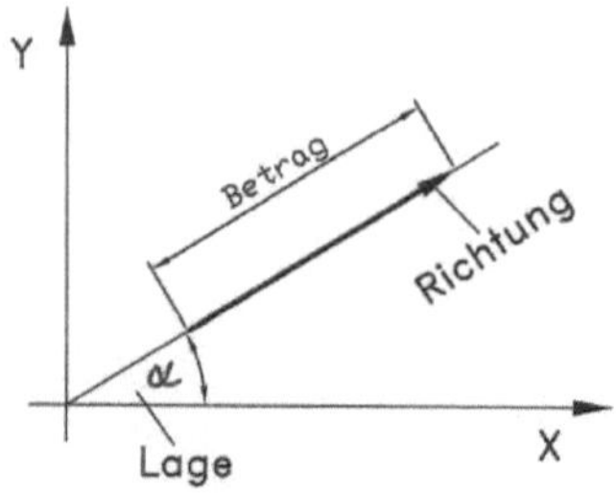

Das Kraftmoment (Drehmoment) ist das Produkt aus einer Kraft F und dem wirksamen Hebelarm L.

4.1 Zusammenfassen von Kräften

F2020,

Soll eine Aussage über die Wirkung mehrerer gleichzeitig auf einen Körper einwirkenden Kräfte gemacht werden, so muss die Resultierende (Ersatzkraft) bestimmt werden.

Befinden sich die Kräfte auf derselben Wirklinie und wirken in dieselbe Richtung, so ergibt sich die Resultierende als Summe der Einzelkräfte.

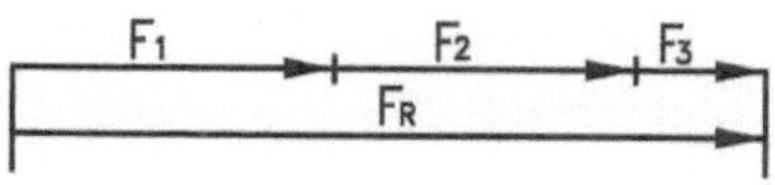

$F_R = F_1 + F_2 + F_3$

Befinden sich die Kräfte auf derselben Wirklinie und wirken in entgegengesetzter Richtung, so ergibt sich die Resultierende durch Subtraktion der Einzelkräfte.

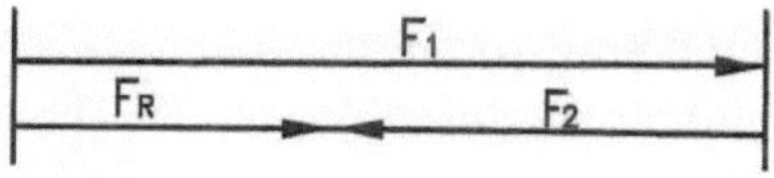

$F_R = F_1 - F_2$

Befinden sich die Kräfte auf unterschiedlichen Wirklinien, so müssen sie geometrisch zusammengefasst werden.

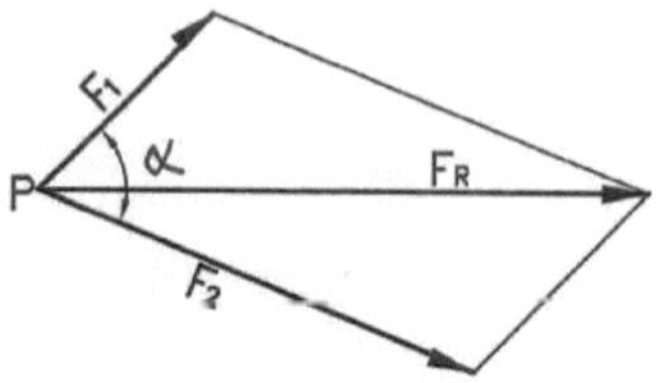

Die Resultierende zweier in einem Punkt P angreifenden Kräfte ist nach Größe und Richtung durch die Diagonale des Kräfteparallelogramms bestimmt.
In dem Kräfteparallelogramm ist die Resultierende eine Symmetrieachse. Daher reicht es zu ihrer Bestimmung aus, nur eine Hälfte des Kräfteparallelogramms zu betrachten.

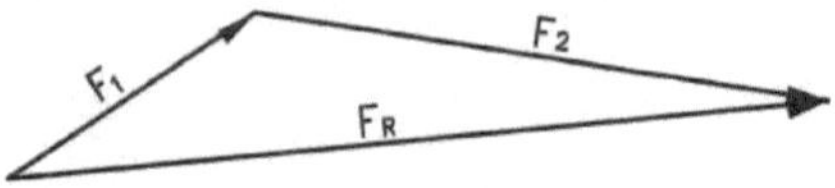

Diese Darstellung wird als Krafteck bezeichnet. Im Krafteck ist die Resultierende die Verbindungslinie vom Anfangspunkt der zuerst gezeichneten Kraft zum Endpunkt der zuletzt gezeichneten Kraft. Die Reihenfolge der Kräfte ist dabei beliebig.

Der Betrag der Resultierenden im Krafteck kann auch mit Hilfe des Kosinussatzes berechnet werden.

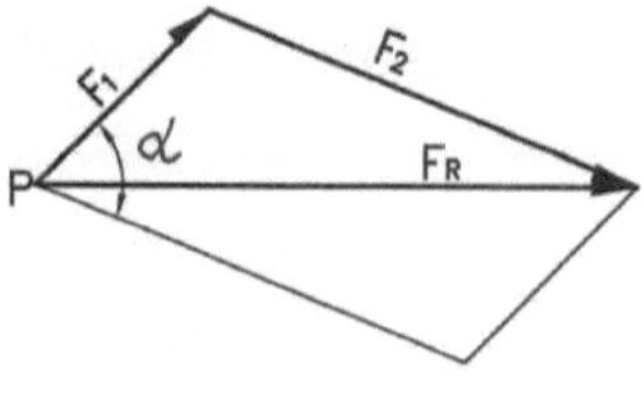

$$F_R = \sqrt{{F_1}^2 + {F_2}^2 - 2F_1 \cdot F_2 \cdot \cos(180^\circ - \alpha)}$$

Der Kosinussatz wird in schiefwinkeligen Dreiecken angewendet, wenn
-3 Seiten,
oder
-2 Seiten und der *eingeschlossene* Winkel,
gegeben sind:

Beispiel:
Eine Kiste wird mit F_1 = 800N und F_2 = 1200N gezogen. Ermitteln Sie, mit welcher Gesamtkraft sie bewegt wird.

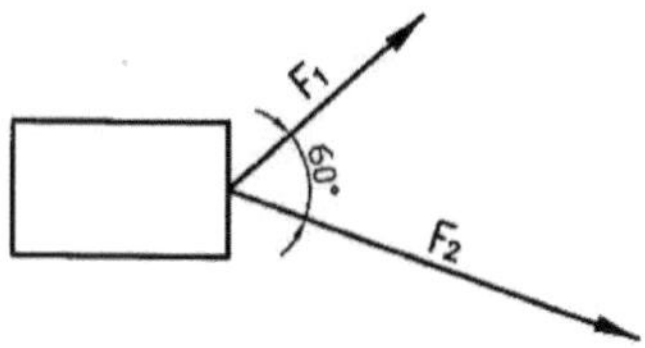

a) Zeichnerische Lösung: M: 1cm = 200N

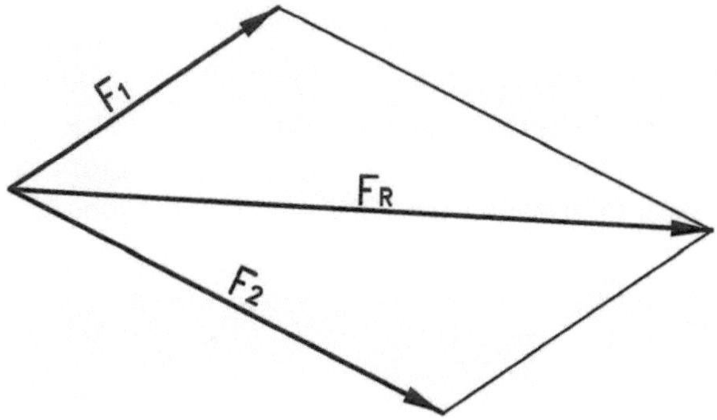

$F_R \mathrel{\hat{=}} 8{,}7cm$ - $F_R \mathrel{\hat{=}} 1740N$

b) Rechnerische Lösung mit dem Kosinussatz

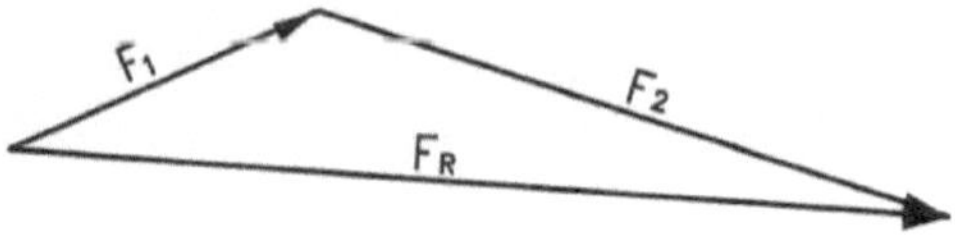

$\alpha = 60°$

$$F_R = \sqrt{F_1^{\,2} + F_2^{\,2} - 2F_1 \cdot F_2 \cdot \cos(180° - \alpha)}$$

$$F_R = \sqrt{(800N)^2 + (1200N)^2 - 2 \cdot 800N \cdot 1200N \cdot \cos 120°}$$

F_R = <u>1743,6N</u>

Der *Sinussatz* wird angewendet, wenn gegeben sind:
- zwei Winkel und eine Seite
- zwei Seiten und ein Gegenwinkel

$$\frac{a}{\sin\alpha} = \frac{b}{\sin\beta} = \frac{c}{\sin\gamma}$$

Beispiel:
Am Ufer eines Flusses ist eine Standlinie AB = a = 800 m abgesteckt worden. Am gegenüberliegenden Ufer steht ein Baum, der in A unter einem Winkel a = 35° gegen die Richtung AB und der in B unter dem Winkel b = 78° gegen die Richtung BA gesehen wird.
Wieweit ist der Baum von der Standlinie entfernt?

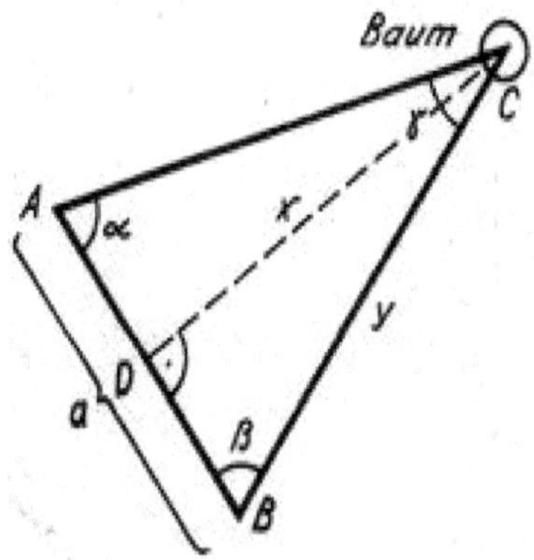

$\gamma - Winkel\ im\ Dreieck\ ACB$:

$\gamma = 180° - (\alpha + \beta)$

$\gamma = 67°$

Im Dreieck BCD gilt:

$\sin\beta = \frac{x}{y}$

$(1)\, x = y \cdot \sin\beta$

$(2)\, in\ (1)\ eingesetzt$:

$x = \frac{a \cdot sin\alpha \cdot sin\beta}{\sin\gamma}$

$x =$

$\frac{800m \cdot 0{,}5736 \cdot 0{,}9781}{0{,}9205}$

$\underline{x = 488m}$

Im Dreieck ABC gilt:

$\frac{y}{\sin\alpha} = \frac{a}{\sin\gamma}$

$(2)\; y = \frac{a \cdot \sin\alpha}{\sin\beta}$

4.2 Kräftezerlegung

F2015,

Häufig ist es erforderlich, eine Kraft in zwei rechtwinklig zu einanderstehende Kraftkomponenten zu zerlegen. Dazu wird die zu zerlegende Kraft in ein Koordinatensystem gelegt. Die beiden Kraftkomponenten können dann mit Hilfe der Winkelfunktionen berechnet werden.

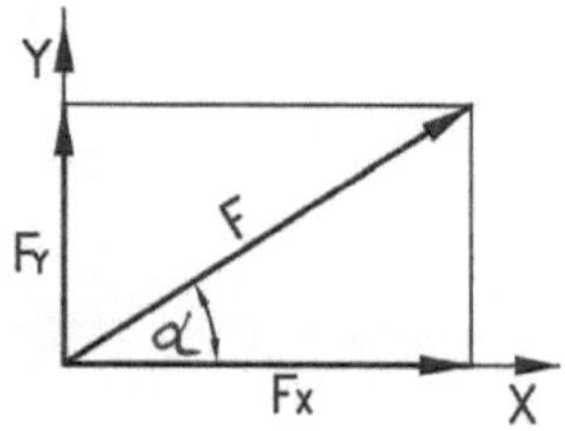

$F_X = F \cdot \cos\alpha$
$F_Y = F \cdot \sin\alpha$

Beispiel:
Eine Kraft von 1500N wirkt unter 60° zur X – Achse. Wie groß sind die Komponenten F_X und F_Y?

$F_X = F \cdot \cos\alpha$
$F_X = 1500N \cdot \cos 60°$
$F_X = \underline{750N}$

$F_Y = F \cdot \sin\alpha$
$F_Y = 1500N \cdot \sin 60°$
$F_Y = \underline{1299N}$

Die Anordnung der Kräfte macht deutlich, dass F die Resultierende aus F_X und F_Y sein muß. Eine Kontrolle der Rechnung mit Hilfe des Lehrsatzes des Pythagoras bestätigt das

$$F = \sqrt{F_X{}^2 + F_Y{}^2}$$

$$F = \sqrt{(750N)^2 + (1299N)^2}$$

F = <u>1500N</u>

4.3 Beschleunigungskraft und Gewichtskraft

Jeder Körper setzt infolge seiner Trägheit einer Änderung seines Bewegungszustandes einen Widerstand entgegen. Er hat also das Bestreben, im Zustand der Ruhe oder der gleichförmigen Bewegung zu beharren. Um den Bewegungszustand zu verändern, wird eine Kraft benötigt, die Beschleunigungskraft. Der Zusammenhang zwischen der Beschleunigungskraft, der Masse und der Beschleunigung wird im Dynamischen Grundgesetz beschrieben

$$F = m \cdot a$$

F = Kraft
m = Masse
a = Beschleunigung

Dieses Gesetz gilt allgemein, also auch für den freien Fall. Hier wirkt die Massenanziehung zwischen einem Körper und der Erde als Beschleunigungskraft. Sie ruft an dem Körper die Fallbeschleunigung g hervor.

$$F_G = m \cdot g$$

F_G = Gewichtskraft
m = Masse
g = Fallbeschleunigung (9,81 m/s^2)

Beispiel:
Eine Masse von 150kg soll mit $a = 0{,}8 m/s^2$ beschleunigt werden. Wie groß ist die dazu benötigte Kraft?

$$F = m \cdot a$$

$$F - 150kg \cdot 0{,}8m/s^2$$

$$F = 120kg\ m/s^2 = 120N$$

$$\left(1\mathrm{N} = 1\frac{\mathrm{kg} \cdot \mathrm{m}}{\mathrm{s}^2}\right)$$

Beispiel:
Welche Masse hat ein Körper, der eine Gewichtskraft von 1200N hervorruft?

$$F_G = m \cdot g$$

$$m = \frac{F_G}{g}$$

$$m = \frac{1200\mathrm{N}}{9{,}81\,\frac{\mathrm{m}}{\mathrm{s}^2}}$$

$$m = 122{,}3kg$$

4.4 Reibungskraft

Werden zwei sich berührende Körper gegeneinander verschoben, so tritt ein Widerstand auf, die Reibkraft.
Die Richtung der Reibkraft ist immer der Verschieberichtung bzw. der beabsichtigten Verschieberichtung entgegengesetzt.
Je nachdem, ob der Körper in Bewegung gesetzt wird oder ob die Bewegung aufrechterhalten werden soll, ist die Reibkraft verschieden groß. Man unterscheidet daher Haftreibung und Gleitreibung.

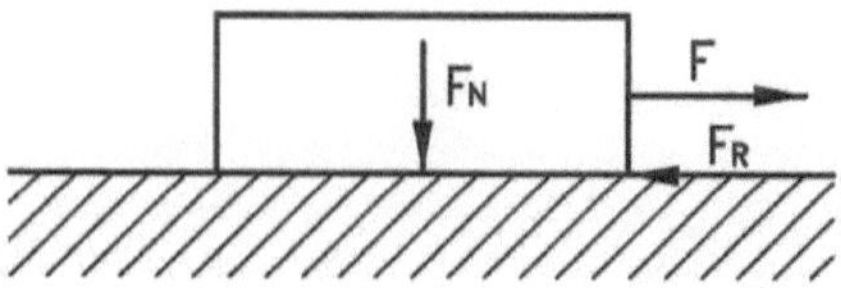

Die Normalkraft steht immer senkrecht zur betrachteten Fläche, somit auch senkrecht zur Reibkraft.
Der Zusammenhang zwischen der Reibkraft und der Normalkraft wird beschrieben mit

$$F_R = \mu \cdot F_N$$

F_R = Reibkraft
F_N = Normalkraft
μ = Gleitreibzahl
μ_0 = Haftreibzahl

Die gleiche Beziehung gilt auch für die Berechnung der Haftreibung, an die Stelle von μ wird dann die Haftreibzahl μ_0 gesetzt.

Beispiel:
Mit Hilfe einer Seilwinde soll eine Kiste mit einer Masse von 1,3t auf waagerechter Ebene verschoben werden. Reicht die von der Seilwinde max. aufzubringende Kraft von 3000N aus, wenn die Haftreibzahl 0,31 beträgt?

$$F_N = F_G = 1300kg \cdot 9{,}81m/s^2 = 12753N$$

$$F_R = \mu_0 \cdot F_N$$

$$F_R = 0{,}31 \cdot 12753N$$

$$F_R = \underline{3953{,}4N}$$

Die vorhandene Zugkraft reicht nicht aus!

4.5 Kräftezerlegung an der schiefen Ebene mit Reibung

H2015, F2022, F2022, H2022, F2024 4

Beim unmittelbaren Anheben einer Masse muss die ganze Gewichtskraft der Masse überwunden werden.

Dagegen benötigt man auf der schiefen Ebene zum Anheben der Masse, abgesehen von der Reibung, nur diejenige Komponente der Gewichtskraft, die den Körper parallel zur schiefen Ebene nach unten zieht, die Hangabtriebskraft.

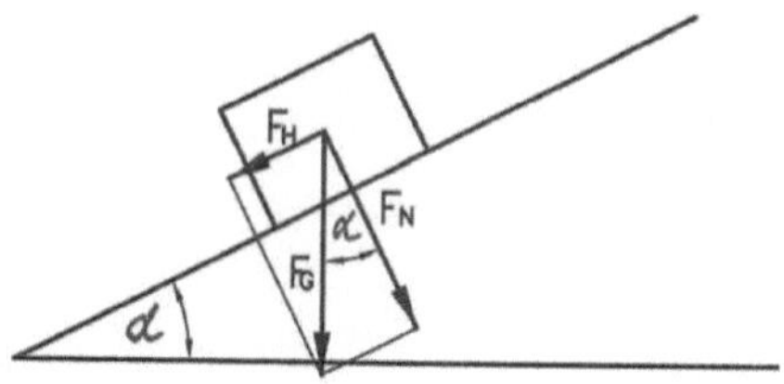

Die Gewichtskraft F_G wird in ihre beiden Komponenten F_H (Hangabtriebskraft) und F_N (Normalkraft) zerlegt.

$$F_G = m \cdot g$$
$$F_H = F_G \cdot \sin\alpha$$
$$F_N = F_G \cdot \cos\alpha$$

Soll ein Körper die schiefe Ebene hinaufgezogen werden, so müssen die Hangabtriebskraft und die Reibungskraft überwunden werden.

Die Reibkraft wirkt immer entgegengesetzt der Bewegungsrichtung. Um alle Aufgabenstellungen sicher lösen zu können ist es daher sinnvoll, zunächst die Bewegungsrichtung einzuzeichnen.

(F_s).

Die Seilkraft F_s soll mindestens so groß sein wie die

+ Beschleunigungskraft F_a

+ Hangabtriebskraft F_H

+ Reibungskraft F_R

$F_s = F_a + F_H + F_R$

$F_a = m \cdot a$

$F_H = F_G \cdot \sin a$

$F_R = \mu \cdot F_N$ (s. 4.5)

$F_N = F_G \cdot \cos \alpha$

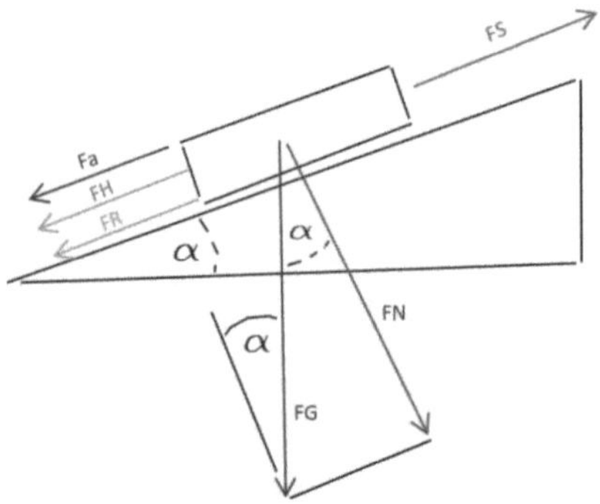

a ist an den gekennzeichneten Winkeln gleich groß.

(F_N fällt mit F_G zusammen, wenn a=0 ist, F_G bleibt bestehen.)

Welche Form der dargestellten Gleichungen zweckmäßiger weise anzuwenden ist, hängt von der Aufgabenstellung ab.

Beispiel:

Mit Hilfe eines Schrägaufzuges soll eine Masse von 5000kg mit konstanter Geschwindigkeit hochgezogen werden. Die Reibzahl beträgt 0,08. Wie groß ist die zum Ziehen erforderliche Seilkraft F_s?

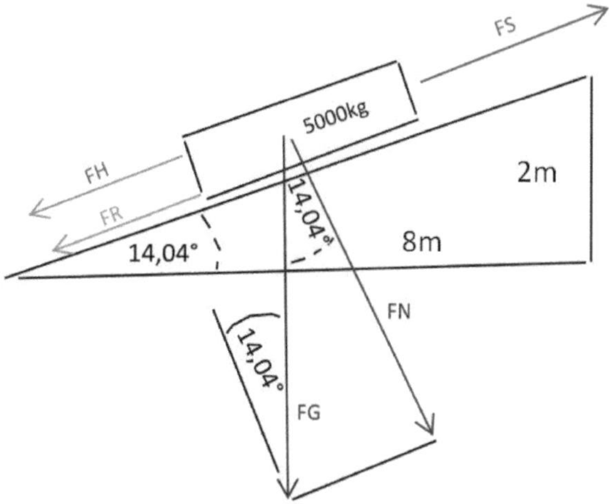

$F_s = F_H + F_R$
$F_s = 11899N + 3.806{,}8N$
$F_s = \underline{15706N}$

$F_H = F_G \cdot \sin\alpha$
$F_H = 49050N \cdot \sin 14{,}04°$
$F_H = 11899N$

$F_R = F_N \cdot \mu$
$F_R = 47585N \cdot 0{,}08$
$F_R = 3.806{,}8N$

Nebenrechnung:
Ermittlung von a:

$$\tan\alpha = \frac{2m}{8m}$$

$\alpha = 14{,}04°$

Ermittlung von F_G und F_N:

$F_G = m \cdot g$
$F_G = 5000kg \cdot 9{,}81\ m/s^2$
$F_G = 49050N$

$F_N = F_G \cdot \cos\alpha$
$F_N = 49050N \cdot \cos 14{,}04°$
$F_N = 47585N$

Beispiel:

Eine Masse von 600kg soll mit gleichbleibender Geschwindigkeit über eine schiefe Ebene *abgelassen* werden. Der Neigungswinkel beträgt 35°, die Reibzahl 0,15. Wie groß muss die Kraft F_Z sein, damit der Körper nicht beschleunigt hinabgleitet?

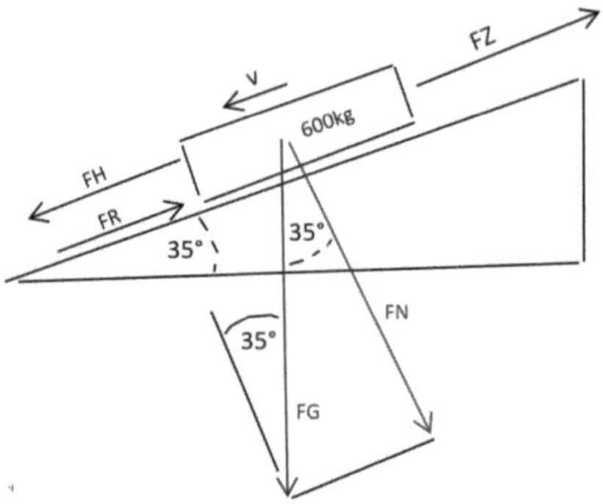

$F_H = F_Z + F_R$

$\rightarrow F_Z = F_H - F_R$

$F_Z = 3376N - 723{,}3N$

$F_Z = \underline{2652{,}7N}$

$F_H = F_G \cdot \sin\alpha$

$F_H = 5886N \cdot \sin 35°$

$F_H = 3376N$

$F_R = F_N \cdot \mu$

$F_R = 4822N \cdot 0{,}15$

$F_R = 723{,}3N$

Ermittlung von F_G und F_N:

$F_G = m \cdot g$

$F_G = 600kg \cdot 9{,}81\ m/s^2$

$F_G = 5886N$

$F_N = F_G \cdot \cos\alpha$

$F_N = 5886N \cdot \cos 35°$

$F_N = 4822N$

Beispiel:

Zum Hochziehen einer Masse auf einer schiefen Ebene mit einem Neigungswinkel von 25° steht eine Seilwinde mit einer maximalen Zugkraft von 5500N zur Verfügung. Die Reibzahl beträgt 0,15. Welche Masse kann maximal mit gleichbleibender Geschwindigkeit aufwärts bewegt werden?

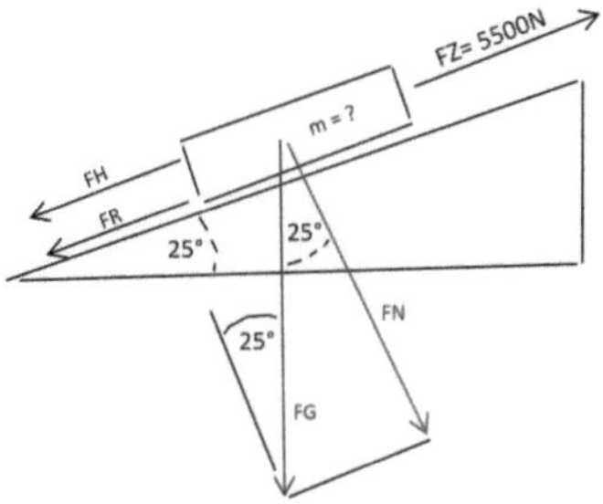

$F_Z = F_H + F_R$

$F_Z = F_H + F_N \cdot \mu$

$F_Z = F_G \cdot \sin\alpha + F_G \cdot \cos\alpha \cdot \mu \rightarrow F_G$ ausklammern

$F_Z = F_G \cdot (\sin\alpha + \cos\alpha \cdot \mu)$

$F_Z = m \cdot g \cdot (\sin\alpha + \cos\alpha \cdot \mu) \rightarrow$ nach m umstellen

$$m = \frac{Fz}{g \cdot (sin\alpha + cos\alpha \cdot \mu)}$$

$$m = \frac{5500N}{9{,}81\frac{m}{s^2} \cdot (sin\,25° + cos\,25° \cdot 0{,}15)}$$

m = 1003,7kg

4.6 Federkraft

Wird eine Schraubenfeder durch die Einwirkung einer Kraft elastisch verformt, so ist das Verhältnis von Kraft zur Längenänderung konstant (Hooke`sches Gesetz). Bei der Berechnung von Federn ist mit dieser Federkonstanten als Kenngröße einer Feder zu rechnen. Die Federkonstante (Federrate) ist die Kraft, die für einen Federweg von 1mm erforderlich ist.

$$R = \frac{F}{s}$$

F = Kraft
s = Federweg
R = Federkonstante

Beispiel:
Durch eine Kraft von 12N wird eine Feder um 20mm verlängert.
a) Wie groß ist die Federkonstante?
b) Welche Kraft ist erforderlich, um die Feder um 25mm zu verlängern?

a) $$R = \frac{F}{s}$$

$$R = \frac{12\text{N}}{20\text{mm}}$$

R = 0,6 N/mm

b) $$R = \frac{F}{s}$$

$F = R \cdot s$

$F = 0{,}6\text{N/mm} \cdot 25\text{mm}$

F = <u>15N</u>

Beispiel:
Eine 40mm lange Zugfeder hat eine Federkonstante von 30N/cm. Durch welche Kraft wird die Länge der Feder verdreifacht?

$$R = \frac{F}{s}$$

$F = R \cdot s$ Federweg = 8cm!

$F = 30N/mm \cdot 8cm$

$F = \underline{240N}$

4.7 Fliehkraft (Zentrifugalkraft)

Bewegt sich ein Körper auf einer kreisförmigen Bahn, so ist das nur möglich, wenn er zwangsweise durch eine Verbindung zum Mittelpunkt (z.B. durch ein Seil oder eine Stange) oder durch eine Führung auf dieser Bahn gehalten wird. Ein Körper kann also nur dann eine Kreisbahn beschreiben, wenn auf ihm dauernd eine Kraft in Richtung zum Kreiszentrum wirkt. Diese zum Mittelpunkt gerichtete Kraft ist die Zentripetalkraft. Nach dem Reaktionsgesetz setzt der Körper der Zentripetalkraft einen Widerstand entgegen, der ebenso groß ist, aber entgegengesetzt gerichtet. Dieses ist die Zentrifugalkraft oder Fliehkraft.

Sie wird berechnet mit

$$F_z = \frac{m \cdot v^2}{r}$$

F_Z = Fliehkraft
v = Umfangsgeschwindigkeit
r = Radius

$$F_Z = m \cdot r \cdot \omega^2$$

m = Masse
ω = Winkelgeschwindigkeit

Beispiel:
Auf regennassem Asphalt fährt ein Pkw mit konstanter Geschwindigkeit in eine Kurve. Der Abstand des Fahrzeugschwerpunktes zum Mittelpunkt der Kurve beträgt 60 m. Die Reibung wird berücksichtigt.
Bei welcher Geschwindigkeit in km/h, gerät das Fahrzeug in Schleudern?
Gesucht: Geschwindigkeit in km/h

$$(1)\ F_z = \frac{m \cdot v^2}{r}$$

$$(2)\ F_R = \mu \cdot m \cdot g$$

Formel 1 mit 2 gleichsetzen, da die Fliehkraft der Reibungskraft entspricht:

$$F_Z = F_R$$

$$\frac{m \cdot v^2}{r} = \mu \cdot m \cdot g$$

$$\frac{v^2}{r} = \mu \cdot g$$

$$v = \sqrt{r \cdot \mu \cdot g}$$

$$v = \sqrt{60m \cdot 0{,}6 \cdot \frac{9{,}81m}{s^2}}$$

$$v = 18{,}8\frac{m}{s}$$

$$v = 67{,}65\frac{km}{h}$$

Beispiel:
Eine Zentrifuge hat einen Radius von 12 cm. Sie wird mit 1400 1/min betrieben. Welche Kraft wird dabei auf 1g Wasser ausgeübt?

$$v = d \cdot \pi \cdot n$$

$$v = 0{,}24m \cdot \pi \cdot \frac{1400}{60}\frac{1}{s}$$

$$v = 17{,}6m/s$$

$$F_z = m \cdot \frac{v^2}{r}$$

$$F_z = 0{,}001kg \cdot \frac{(17{,}6\frac{m}{s})^2}{0{,}12m}$$

$$F_Z = \underline{2{,}58N}$$

oder

$\omega = 2 \cdot \pi \cdot n$

$\omega = 2 \cdot \pi \cdot \frac{1400}{60} \frac{1}{s}$

$\omega = 146{,}6\ 1/s$

$F_Z = m \cdot r \cdot \omega^2$

$F_Z = 0{,}001kg \cdot 0{,}12m \cdot (146{,}6\ 1/s)^2$

$F_Z = \underline{2{,}58N}$

Beispiel:
Bei einem nicht ausgewuchteten Rad liegt der Schwerpunkt 1mm außerhalb der Drehachse. Welche Zentrifugalkraft entsteht bei 1200 1/min, wenn die Masse des Rades 20kg beträgt?

$\omega = 2 \cdot \pi \cdot n$

$\omega = 2 \cdot \pi \cdot \frac{1200}{60} \frac{1}{s}$

$\omega = 125{,}7\ 1/s$

$F_Z = m \cdot r \cdot \omega^2$

$F_Z = 20\ kg \cdot 0{,}001\ m \cdot (125{,}7\ 1/s)^2$

$F_Z = \underline{316\ N}$

Beispiel:
Ein Fahrzeug mit m = 1200 kg durchfährt eine Kurve mit 50 km/h. Die Kurve hat einen Krümmungsradius von 40m. Wie hoch ist die dabei auf das Fahrzeug wirkende Zentrifugalkraft?

$F_z = \frac{m \cdot v^2}{r}$ 50km/h = 13,9m/s

$F_z = \frac{1200kg \cdot (13{,}9 \frac{m}{s})^2}{40m}$

$F_Z = \underline{5796{,}3N}$

4.8 Momente

F2023

Die Drehkraftwirkung auf ein Bauteil bezeichnet man als Moment. Tritt eine Drehwirkung auf (z.B. bei einem Kettenrad), so bezeichnet man das Moment als Drehmoment. Tritt keine Drehwirkung auf, so bezeichnet man das Moment als Kraftmoment oder statisches Moment.
Der Betrag des Kraft- oder Drehmomentes ist das Produkt aus Kraft und Wirkabstand. Der Wirkabstand ist der kürzeste Abstand zwischen der Kraftlinie und dem Drehpunkt (Bezugspunkt)

$$M = F \cdot L$$

M = Moment
F = Kraft
L = Wirkabstand

Beispiel:
Eine Schraube M20 wird mit einer Kraft von 80N angezogen. Der Wirkabstand beträgt 250mm. Wie groß ist das Moment?

$$M = F \cdot L$$
$$M = 80N \cdot 0{,}25m$$
$$M = \underline{20Nm}$$

Beispiel:
Laut Montageanweisung soll eine Zylinderkopfschraube M12 mit einem Moment von 25Nm angezogen werden. Welche Kraft ist dazu erforderlich, wenn der Ringschlüssel eine Hebellänge von 200mm aufweist und der Winkel zwischen der Kraftrichtung und dem Hebel 60° beträgt?

L = 200mm

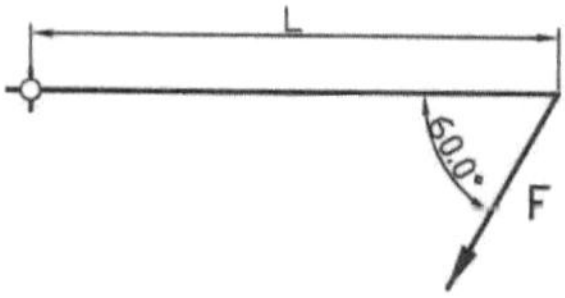

1. Lösung durch Kraftzerlegung

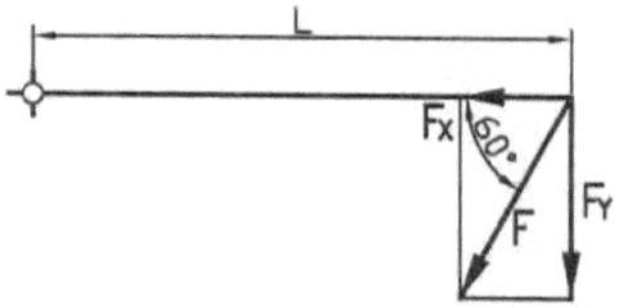

Das Moment wird nur durch die Komponente F_Y hervorgerufen

$M = F_Y \cdot L$

$$F_Y = \frac{M}{L}$$

$$F_Y = \frac{25Nm}{0{,}2m}$$

$F_Y = \underline{125N}$

$$Sin60° = \frac{F_Y}{F}$$

$$F = \frac{F_Y}{\sin 60°}$$

$$F = \frac{125N}{\sin 60°}$$

$F = \underline{144{,}3N}$

2. Lösung mit Hilfe der wirksamen Hebelarmlänge (Wirkabstand)

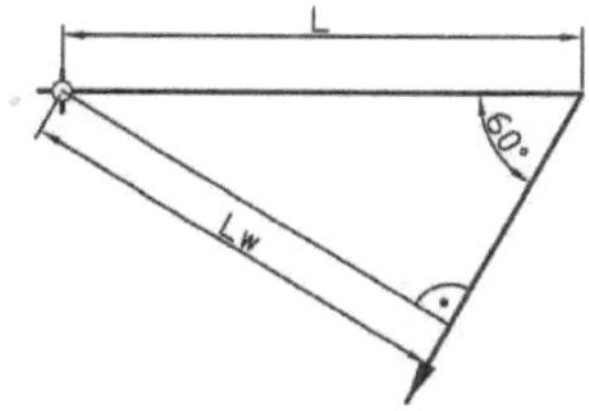

$M = L_W \cdot F$ $\sin 60° = \frac{L_W}{L}$

$F = \frac{M}{L_W}$ $L_W = L \cdot \sin 60°$

$L_W = 0{,}2m \cdot \sin 60°$

$L_W = \underline{0{,}173m}$

$F = \frac{25Nm}{0{,}173m}$

$F = \underline{144{,}3m}$

F2021 - *Beispiel:*

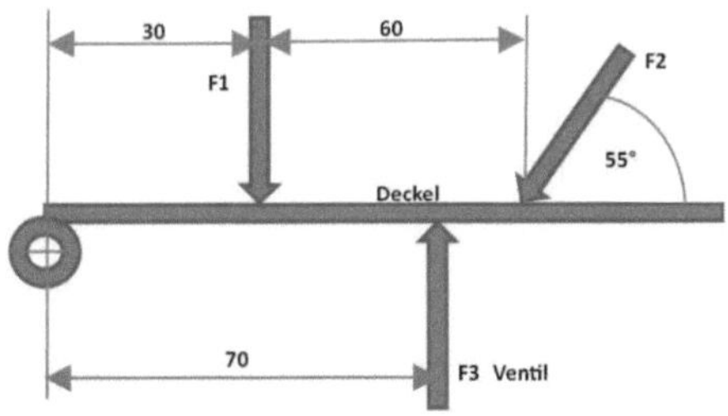

Gegeben: Maße vgl. Zeichnung.

$F_1 = 150N$

$F_2 = 200N$

Gesucht: F_3, Fy (Vertikalkraft von F_2)
Kann das Ventil den angreifenden Kräften F_1 und F_2, eine ausreichende Gegenkraft entgegensetzen, sodass der Deckel geschlossen bleibt?
Für den einarmigen Hebel gilt:

$$F_1 \cdot 30 + F_y \cdot 90 = F_3 \cdot 70$$

$$F_3 = \frac{F_1 \cdot 30 + \mathbf{F_y} \cdot 90}{70}$$

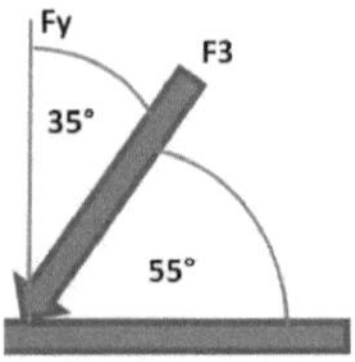

Das Moment wird nur durch die Komponente F_Y hervorgerufen.

$$\cos 35° = \frac{F_y}{F_2}$$

$$\mathbf{F_y} = \cos 35° \cdot 200 = 163{,}83N$$

$$F_3 = \frac{150N \cdot 30 + 163{,}83N \cdot 90}{70}$$

$$F_3 = 274{,}9N$$

Nein, der Deckel wird langsam nach unten gedrückt, da F_1 und F_2 zusammen 313,83N > 275N als die Gegenkraft F_3 des Ventils sind.

4.9 Auflagerkräfte

H2021, H2024 4, H2025 2

Auflagerberechnung- Methode I:

Gegeben: gesucht: Lagerkräfte in F_A und F_B

$F_1 = 200N$

$F_2 = 80N$

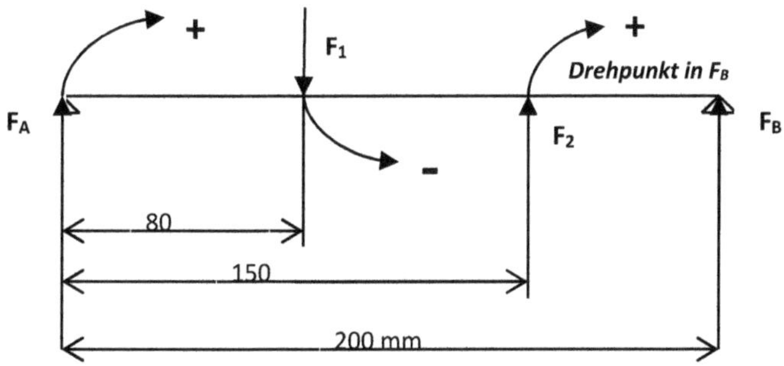

1. Drehpunkt festlegen (F_A oder F_B), in diesem Beispiel ist F_B der gewählte Drehpunkt, um FA zu ermitteln.
2. Für die wirksamen Hebellängen gilt stets:
Vom Angriffspunkt der Kraft (F_1, F_2, F_A) bis zum Drehpunkt(F_B). Ggf. müssen die Maße von der gegebenen Bemaßung ermittelt werden.
3. Drehrichtung Plus (rechts herum) und Minus (links herum) zuordnen.
4. Momentensatz für FA aufstellen:
Auf der linken Seite vom Gleichheitszeichen werden die Momente aus der Drehrichtung + Plus, aus der rechten mit Drehrichtung – Minus, zugeordnet.

Momentensatz:

$$F_A \cdot L + F_2 \cdot 50 = F_1 \cdot 120$$

$$F_A = \frac{F_1 \cdot 120 - F_2 \cdot 50}{L}$$

$$F_A = \frac{200N \cdot 120 - 80N \cdot 50}{200} = 100N$$

Ermittlung von FB, durch Betrachtung der wirkenden Kräfte, Drehpunkt nach FA:

FB = + F1 - F2 - FA

FB = + 200N – 80N – 100N

FB = 20N

Oder:

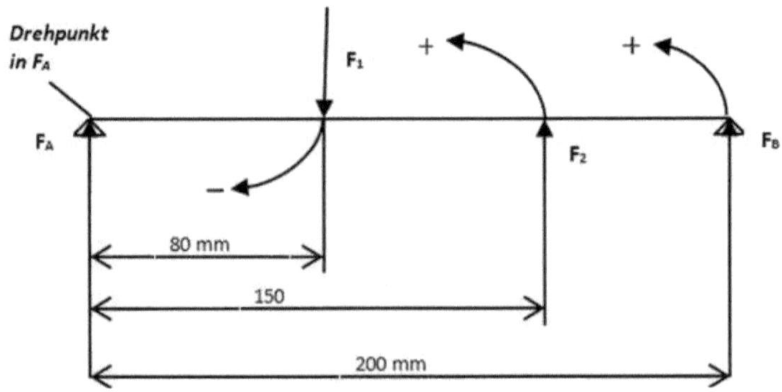

Momentensatz:

↺ ↺ ↻

$$F_2 \cdot 150mm + F_B \cdot 200mm = F_1 \cdot 80mm$$

$$F_B \cdot 200mm = F_1 \cdot 80mm - F_2 \cdot 150mm$$

$$F_B = \frac{200N \cdot 80mm - 80N \cdot 150mm}{200mm}$$

$$F_B = 20N$$

In diesem Beispiel erhalten die linksdrehenden Momente ein +, die rechtsdrehenden ein -

Die Bezeichnung des Drehsinns ist frei wählbar.

Auflagerberechnung- Methode II:

In einem System herrscht Gleichgewicht, wenn die Summe aller rechtsdrehenden Momente gleich der Summe aller linksdrehenden Momente ist. Unterscheidet man die rechtsdrehenden Momente und die linksdrehenden Momente durch Vorzeichen, so lautet die entsprechende Formel

$$\Sigma M = 0$$

Gleichzeitig müssen auch alle Kräfte in X-Richtung und in Y-Richtung gleich Null sein

$$\Sigma F_X = 0$$

$$\Sigma F_y = 0$$

Beispiel (wie Methode I):

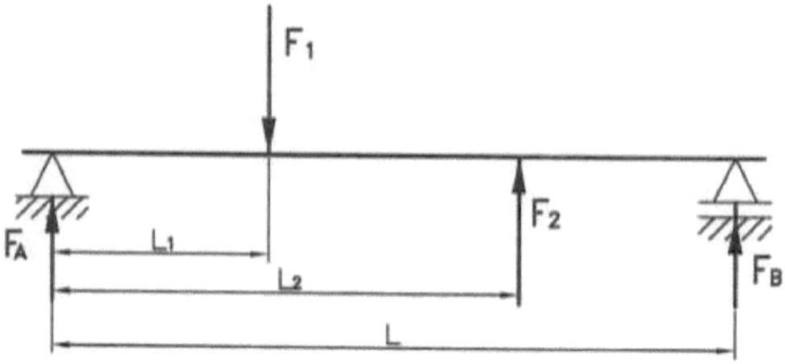

$F_1 = 200N$ $L_1 = 80mm$

$F_2 = 80N$ $L_2 = 150mm$

$L = 200mm$

Es ist zunächst der Momentenbezugspunkt (Drehpunkt) zu wählen. Dieser kann prinzipiell frei gewählt werden. Es ist jedoch zweckmäßig, ihn entweder in das Lager A oder B zu legen, weil dadurch diese Kräfte keine Drehwirkung auf das System ausüben. Weiterhin sollte in der Ausgangsgleichung die Zuordnung des Vorzeichens zum Drehsinn angegeben werden

$$\Sigma M_{(A)} = 0$$

Dieser Ansatz gibt an, wo der Momentenbezugspunkt liegt (A) und das rechtsdrehende Momente positiv (und somit linksdrehende Momente negativ) anzusetzen sind.

$$+ F_1 \cdot l_1 - F_2 \cdot l_2 - F_B \cdot l = 0$$

$$F_B \cdot l = F_1 \cdot l_1 - F_2 \cdot l_2$$

$$F_B = \frac{F_1 \cdot l_1 - F_2 \cdot l_2}{l}$$

$$F_B = \frac{200N \cdot 80mm - 80N \cdot 150mm}{200mm}$$

$F_B = \underline{20N}$

Ist F_B bekannt, so kann F_A auf zwei Arten berechnet werden

$$\Sigma F_Y = 0$$
$$0 = F_A + F_2 + F_B - F_1$$
$$F_A = F_1 - F_2 - F_B$$
$$F_A = 200N - 20N - 80N$$
$$F_A = \underline{100N}$$

oder $\Sigma M_{(B)} = 0$

$$0 = F_1 \cdot 120mm - F_2 \cdot 50mm - F_A \cdot 200mm$$

$$F_A = \frac{F_1 \cdot 120mm - F_2 \cdot 50mm}{200mm}$$

$$F_A = \frac{200N \cdot 120mm - 80N \cdot 50mm}{200mm}$$

$$F_A = \underline{100N}$$

Auflagerberechnung, mit ***schräg*** angreifender Kraft

Beispiel:

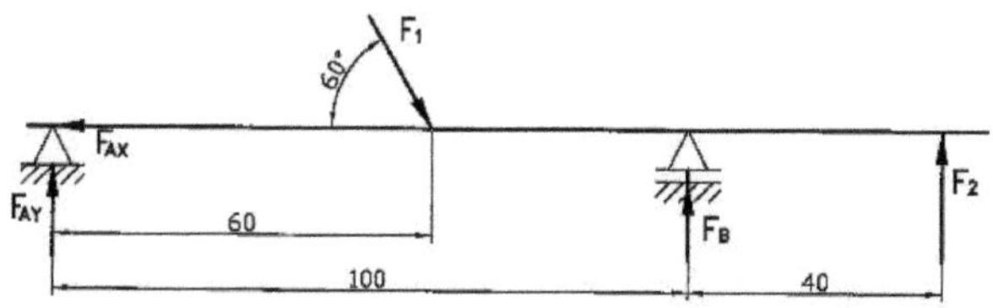

$$F_1 = 200N$$
$$F_2 = 50N$$

F_1 greift unter einem Winkel von 60° an. Eine Drehwirkung (am Hebelarm 60mm) wird nur durch die senkrechte Komponente von F_1 (= F_{1Y}) hervorgerufen. Die Kraft F_1 muss also in ihre Komponenten zerlegt werden.

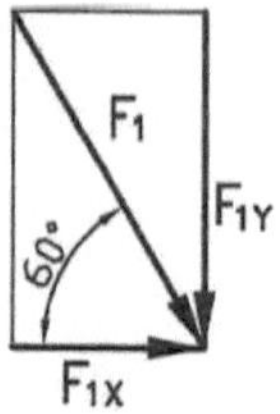

$F_{1X} = F_1 \cdot \cos 60°$
$F_{1X} = 200N \cdot \cos 60°$

$F_{1X} = \underline{100N}$

$F_{1Y} = F_1 \cdot \sin 60°$
$F_{1Y} = 200N \cdot \sin 60°$

$F_{1Y} = \underline{173{,}21N}$

$\Sigma M_{(A)} = 0$

$\circlearrowright +$

$$0 = F_{1Y} \cdot 60mm - F_B \cdot 100mm - F_2 \cdot 140mm$$

$$F_B \cdot 100mm = F_{1Y} \cdot 60mm - F_2 \cdot 140mm$$

$$F_B = \frac{173{,}21N \cdot 60mm - 50N \cdot 140mm}{100mm}$$

$$F_B = \underline{33{,}93N}$$

$\Sigma F_Y = 0$
$0 = F_{1Y} - F_{AY} - F_B - F_2$

$F_{AY} = F_{1Y} - F_B - F_2$

$F_{AY} = 173{,}21N - 33{,}93N - 50N$

$F_{AY} = \underline{89{,}28N}$

Die X-Komponente der Kraft F_1 (= F_{1X}) versucht das System nach rechts (axial) zu verschieben. Dies Kraftkomponente kann nur im Lager A (Festlager) aufgefangen werden.

Es gilt

$\Sigma F_X = 0$

$0 = F_{AX} - F_{1X}$

$F_{AX} = F_{1X}$

$F_{AX} = \underline{100N}$

Somit wird die Gesamtkraft im Lager A

$$F_A = \sqrt{F_{AX}{}^2 + F_{AY}{}^2}$$

$$F_A = \sqrt{(100N)^2 + (89{,}28N)^2}$$

$F_A = \underline{134{,}1N}$

5 Arbeit, Energie, Leistung, Wirkungsgrad

F2016, H2016, H2017

5.1 Arbeit

Die mechanische Arbeit ist das Produkt aus Kraft mal Weg. Sind die Kraftrichtung und die Wegrichtung nicht identisch, so darf zur Berechnung der Arbeit nur die Kraftkomponente berücksichtigt werden, die in der Wegrichtung liegt.

$W = F \cdot s$

F = Kraft
s = Weg
W = Arbeit

Je nach Art der Kraft, die beim Verrichten der Arbeit überwunden werden muss, unterscheidet man:

Hubarbeit = Arbeit gegen die Schwerkraft zum Anheben einer Last

$W = F_G \cdot h$
$W = m \cdot g \cdot h$

$F_G = m \cdot g$
m = Masse
g = Erdbeschleunigung
h = Hubhöhe
W = Hubarbeit

Reibarbeit = Arbeit gegen eine Reibkraft

$W = F_R \cdot s$
$W = \mu \cdot F_N \cdot s$

$F_R = \mu \cdot F_N$
F_N = Normalkraft
μ = Reibwert
s = Weg
F_R = Reibkraft
W = Reibarbeit

Federarbeit = Arbeit gegen die Federkraft

$$W = \frac{F \cdot s}{2}$$

$$W = \frac{R \cdot s^2}{2}$$

F = R · s

R = Federkonstante

s = Federweg

F = Federkraft

W = Federarbeit

Beschleunigungsarbeit = Arbeit zur Überwindung der Massenträgheit

$$W = \frac{m \cdot v^2}{2}$$

m = Masse

v = Geschwindigkeit

W = Beschleunigungsarbeit

Beispiel:

Ein Gabelstapler hebt 280kg 1,5m hoch. Wie groß ist die verrichtete Hubarbeit in kJ und in kWh?

$W = m \cdot g \cdot h$

$W = 280kg \cdot 9{,}81m/s^2 \cdot 1{,}5m$

$W = 4120{,}2J$

$W = \underline{4{,}12kJ}$ $\quad 1kWh = 3{,}6 \cdot 10^6J$

$W = 0{,}001145kWh$

Beispiel:

Eine Kiste mit m = 55kg soll auf waagerechter Ebene um 2,5m verschoben werden. Der Reibwert beträgt 0,25. Wie hoch ist die aufzubringende Reibarbeit?

$W = F_R \cdot s$

$W = \mu \cdot F_N \cdot s \quad F_N = m \cdot g$

$$W = \mu \cdot m \cdot g \cdot s$$

$$W = 0{,}25 \cdot 55kg \cdot 9{,}81m/s^2 \cdot 2{,}5m$$

$$W = 337{,}22\frac{kg\,m^2}{s^2}$$

$$W = 337{,}22J$$

Beispiel:
Eine Druckfeder wird durch eine Kraft von 40N um 5cm zusammengedrückt. Wie groß ist die zum Spannen der Feder benötigte Arbeit?

$$W = \frac{F \cdot s}{2}$$

$$W = \frac{40N \cdot 0{,}05m}{2} = 1Nm$$

$$1Ws = 1Nm = 1J$$

Beispiel:
Ein Fahrzeug hat eine Masse von 1600kg. Es soll auf 72km/h beschleunigt werden. Wie groß ist die erforderliche Beschleunigungsarbeit in kJ und kWh?

$$W = \frac{m \cdot v^2}{2} \qquad 72km/h = 20m/s$$

$$W = \frac{1600kg \cdot (20\frac{m}{s})^2}{2}$$

$$W = 320000J$$

$$W = \underline{320kJ}$$

$$W = 0{,}089kWh$$

5.2 Mechanische Energie

Wendet man Arbeit auf, um eine Feder zu spannen, so besitzt diese die Fähigkeit, wieder Arbeit abzugeben. Ähnlich ist es bei einer Masse, die angehoben wird oder mit einer Masse, die beschleunigt wird. Die Fähigkeit, Arbeit zu verrichten, nennt man Energie. Energie ist also gespeicherte Arbeit, daher haben alle Energieformen auch die gleiche Maßeinheit wie die Arbeit

$$1J = 1Nm = 1Ws$$

5.2.1 Potentielle Energie (gespeicherte Hubarbeit)

Die durch die veränderte Höhe einer Masse erworbene Arbeitsfähigkeit wird Energie der Lage oder potentielle Energie genannt. Die Arbeitsfähigkeit der angehobenen Masse ist genau so groß wie die zum Anheben der Masse benötigte Hubarbeit (s.5.1).

Die Formeln zur Berechnung der Hubarbeit und der potentiellen Energie sind also identisch

$$E_{pot} = m \cdot g \cdot h$$

m = Masse

g = Erdbeschleunigung

h = Höhendifferenz

Beispiel:
In einem Pumpspeicherwerk werden 60000m^3 Wasser 80m hoch in den Speichersee gepumpt. Wie groß ist die potentielle Energie des Wassers in kWh?

$E_{pot} = m \cdot g \cdot h$

$E_{pot} = 60000000kg \cdot 9{,}81m/s^2 \cdot 80m$

$E_{pot} = 47088000000 \frac{kg\,m^2}{s^2}$ (J)

$E_{pot} = \underline{13080kWh}$ $3{,}6 \cdot 10^6J = 1kWh$

5.2.2 Kinetische Energie

Massen, die sich in Bewegung befinden, besitzen die Fähigkeit, Arbeit zu verrichten. Diese durch die Bewegung einer Masse hervorgerufene Arbeitsfähigkeit wird als kinetische Energie bezeichnet.

$E_{kin} = \frac{m \cdot v^2}{2}$ m = Masse
v = Geschwindigkeit
E_{kin} = kinetische Energie

Beispiel:
Ein PKW mit der Masse 1600kg fährt mit 50km/h frontal gegen eine Mauer. Wie groß ist die Energie im Augenblick des Aufpralls?

$E_{kin} = \frac{m \cdot v^2}{2}$ 50km/h = 13,89m/s

$E_{kin} = \frac{1600kg \cdot (13{,}89 \frac{m}{s})^2}{2}$

$E_{kin} = \underline{154346J}$

5.2.3 Spannenergie

Spannt man eine Feder im elastischen Bereich, so speichert sie die zum Spannen aufgewendete Arbeit vollständig als Spannenergie

$$E_F = \frac{F \cdot s}{2}$$

s = Federweg

F = max. Federkraft

$$E_F = \frac{R \cdot s^2}{2}$$

R = Federkonstante

Beispiel:

Welche Spannenergie enthält eine um 0,15m gedehnte Zugfeder, die eine Federkonstante von 120N/m aufweist?

$$E_F = \frac{R \cdot s^2}{2}$$

$$E_F = \frac{120\frac{N}{m} \cdot (0{,}15m)^2}{2}$$

E_F = <u>1,35Nm = 1,35J</u>

oder

$$R = \frac{F}{s}$$

F = R · s

F = 120N/m · 0,15m

F = <u>18 N</u>

$$E_F = \frac{F \cdot s}{2}$$

$$E_F = \frac{18N \cdot 0{,}15m}{2}$$

E_F = <u>1,35 J</u>

5.2.4 Energieerhaltungssatz

In einem abgeschlossenen System ist bei Vernachlässigung von Reibungsverlusten die Summe aus potentieller Energie, kinetischer Energie und Spannenergie konstant. Die gesamte Energie am Anfang eines Vorgangs ist gleich der Gesamtenergie am Ende des Vorgangs.

Bei derartigen Vorgängen kann Energie nicht erzeugt werden oder verloren gehen, Energie kann nur umgewandelt werden. Mit Hilfe des Satzes von der Erhaltung der Energie lassen sich viele Aufgabenstellungen lösen.

Dabei gilt stets:

Anfangsenergie = Endenergie

Beispiel:

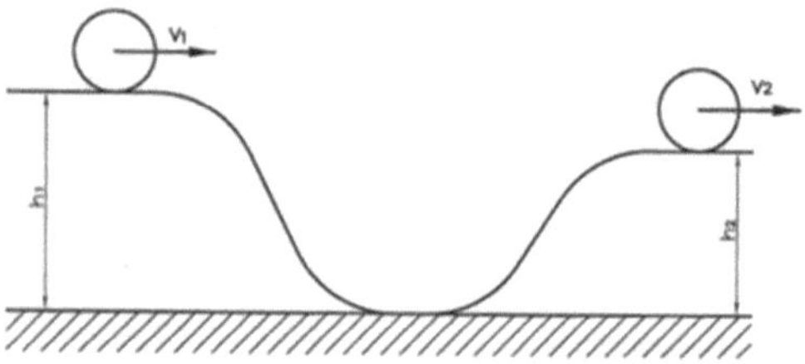

Eine Kugel wird aus einem Automaten mit v_1 = 1m/s ausgestoßen. Sie soll mit Hilfe der skizzierten Rollbahn auf die Geschwindigkeit v_2 = 1,5m/s beschleunigt werden. Wie groß muss das Maß h_2 ausgeführt werden, wenn h_1 = 1,6m beträgt und die Reibung vernachlässigt wird?

$$E_{kin1} + E_{pot1} = E_{kin2} + E_{pot2}$$

$$\frac{m \cdot {v_1}^2}{2} + m \cdot g \cdot h_1 = \frac{m \cdot {v_2}^2}{2} + m \cdot g \cdot h_2$$

$$\frac{{v_1}^2}{2} + g \cdot h_1 = \frac{{v_2}^2}{2} + g \cdot h_2$$

$$v_1{}^2 + 2 \cdot g \cdot h_1 = v_2{}^2 + 2 \cdot g \cdot h_2$$

$$v_1{}^2 - v_2{}^2 + 2 \cdot g \cdot h_1 = 2 \cdot g \cdot h_2$$

$$h_2 = \frac{v_1{}^2 - v_2{}^2}{2g} + h_1$$

$$h_2 = \frac{\left(1\frac{m}{s}\right)^2 - \left(1{,}5\frac{m}{s}\right)^2}{2 \cdot 9{,}81\frac{m}{s^2}} + 1{,}6m$$

h_2 = <u>1,536m</u>

Beispiel:

Aus einer Maschine werden Bauteile mit einer Masse von 1,2kg mit einer Geschwindigkeit von 0,8m/s auf eine waagerechte Gleitbahn ausgestoßen. Sie sollen am Ende der Gleitbahn auf einer Strecke von 20mm durch eine Feder abgebremst werden. Welche Federkonstante muss die Feder besitzen, wenn die Reibung auf der Gleitbahn vernachlässigt wird?

$$E_{kin} = E_F$$

$$\frac{m \cdot v^2}{2} = \frac{R \cdot s^2}{2}$$

$$m \cdot v^2 = R \cdot s^2$$

$$R = \frac{m \cdot v^2}{s^2}$$

$$R = \frac{1{,}2kg \cdot \left(0{,}8\frac{m}{s}\right)^2}{(0{,}02m)^2}$$

R = 1920N/m

5.2.5 Lebensdauer von Wälzlagern

H2023

Ein Rillenkugellager soll im kontinuierlichen Betrieb von 24h pro Tag, ein Jahr, ohne Unterbrechung durchlaufen. Es ist zu überprüfen inwieweit das angegebene Rillenkugellager diese Forderung erfüllt.

Gegeben:

Rillenkugellager G6020
$n = 3000 min^{-1}$
$P = 20\ kN$

P = äquivalente Belastung
L_{10} = nominelle Lebensdauer in 10^6 Umdrehungen
L_{10h} = nominelle Lebensdauer in Betriebsstunden
C, C_0 = dynamische bzw. statische Tragzahl
Drehzahl in 1/min

Gesucht: ***L_{10}*, *L_{10h}*,** dynamische Tragzahl ***C*** *(vgl. Tb. Richtwerte, Tragzahlen)*

$$L_{10} = \left(\frac{C}{P}\right)^3 \cdot 10^6 = \left(\frac{60kN}{5kN}\right)^3 \cdot 10^6 = \mathbf{1,728 \cdot 10^9}$$

$$L_{10h} = \frac{L_{10}}{60 \cdot n} = \frac{\mathbf{1,728 \cdot 10^9}}{60\frac{min}{h} \cdot 3000min^{-1}} = 9600h$$

Lebensdauer: 365Tage·24h/Tag = 8760h < $9600h$ → Forderung erfüllt.

5.3 Leistung

H2020, F2023

Die Leistung ist der Quotient aus der Arbeit und der dazu benötigten Zeit.

$$P = \frac{W}{t}$$

W = Arbeit
t = Zeit
P = Leistung

Die Einheit der Leistung ist das Watt. Ein Watt ist die Leistung, bei der in einer Sekunde ein Joule eingesetzt wird.
Setzt man in die obenstehende Gleichung die Definitionsgleichung für die Arbeit ($W = F \cdot s$) ein, so ergibt sich

$$P = \frac{F \cdot s}{t}$$

Der Quotient für $\frac{s}{t}$, ist die Geschwindigkeit. Also gilt:

$$P = F \cdot v$$

F = Kraft
v = Geschwindigkeit

Diese Gleichung ist auch die Grundlage zur Berechnung der Dreh- oder Rotationsleistung. Die Umfangskraft und die Umfangsgeschwindigkeit sind in jedem Augenblick gleich gerichtet.
Also gilt:

$$P = F_U \cdot v_U$$

F_u = Umfangskraft
v_U = Umfangsgeschwindigkeit
P = Leistung

Die Umfangsgeschwindigkeit beträgt nach (3.1.2)

$v_U = d \cdot \pi \cdot n$ d = Durchmesser

n = Drehzahl

somit wird die Rotationsleistung

$P = F_U \cdot d \cdot \pi \cdot n$

oder: $P = M \cdot 2 \cdot \pi \cdot n$

Beispiel:

Ein Kran soll Massen von 500kg in 20Sekunden um 18m anheben. Welche Leistung muss er dazu abgeben?

$$P = \frac{F_G \cdot s}{t}$$

$$P = \frac{500\text{kg} \cdot 9{,}81\frac{\text{m}}{\text{s}^2} \cdot 18\text{m}}{20\text{s}}$$

$P = 4414{,}5\text{W}$

$P = \underline{4{,}4\text{kW}}$

Beispiel:

Zum Verschieben eines Maschinenschlittens wird eine Kraft von 2500N benötigt. Zur Verfügung steht eine Leistung von 2kW. Welche Verschiebegeschwindigkeit kann erreicht werden?

$P = F \cdot v$

$$v = \frac{P}{F}$$

$$v = \frac{2000\frac{\text{Nm}}{\text{s}}}{2500\text{N}}$$

$v = \underline{0{,}8\text{m/s}}$

Beispiel:
Die zulässige Zugkraft eines Keilriemens beträgt 800N. Die Keilriemenscheibe hat einen Durchmesser von 250mm, sie wird mit 585 1/min betrieben. Welche Leistung kann mit dem Keilriementrieb übertragen werden?

$$P = F \cdot d \cdot \pi \cdot n$$

$$P = 800N \cdot 0{,}25m \cdot \pi \cdot 9{,}75\ 1/s$$

$$P = 6126W$$

$$P = 6{,}126kW$$

Beispiel:
Mit einer Pumpe werden $30m^3$ Wasser in 8 Minuten auf 12m Höhe gefördert. Welche Leistung wird von der Pumpe abgegeben?

$$P = \frac{F_G \cdot s}{t}$$

$$P = \frac{30000kg \cdot 9{,}81\frac{m}{s^2} \cdot 12m}{480s}$$

$$P = \underline{7357{,}5\ W}$$

$$P = \underline{7{,}36kW}$$

5.4 Wirkungsgrad

F2025 4a

Bei allen Systemen geht ein Teil der zugeführten Arbeit oder Leistung meistens durch Reibung verloren. Nach dem Energieerhaltungssatz (s.5.2.4) geht zwar keine Energie verloren, ein Teil der eingesetzten Arbeit (Energie) wird jedoch für den eigentlichen Zweck unbrauchbar.

Der Wirkungsgrad beschreibt das Verhältnis von Nutzen zu Aufwand.

$$H = \frac{W_{ab}}{W_{zu}} < 1$$

$$H = \frac{P_{ab}}{P_{zu}} < 1$$

η = Wirkungsgrad

W_{ab} = abgegebene Arbeit (Energie)

W_{zu} = zugeführte Arbeit (Energie)

P_{ab} = abgegebene Leistung

P_{zu} = zugeführte Leistung

Sind mehrere Energiewandler hintereinander geschaltet (z.B. Motor, Getriebe, Hubwerk), so können die Einzelwirkungsgrade zu einem Gesamtwirkungsgrad zusammengefasst werden:

$$\eta_{ges} = \eta_1 \cdot \eta_2 \cdot ... \eta_n$$

Beispiel:

Eine Turbine nimmt eine Leistung von 750kW auf und gibt eine Leistung von 700kW ab. Wie hoch ist ihr Wirkungsgrad?

$$H = \frac{P_{ab}}{P_{zu}}$$

$$H = \frac{700kW}{750kW}$$

η = <u>0,93</u> = <u>93%</u>

Beispiel:
Eine Pumpe wird mit 35kW angetrieben. Sie hat einen Wirkungsgrad von 0,8 und soll Wasser über eine Rohrleitung auf 35m Höhe fördern. Der Wirkungsgrad der Rohrleitungen beträgt 0,92. Welche Wassermenge kann in einer Stunde gefördert werden?

$$P_{ab} = P_{zu} \cdot \eta_1 \cdot \eta_2$$

$$P_{ab} = 35kW \cdot 0{,}8 \cdot 0{,}92$$

$$P_{ab} = 25{,}76kW$$

$$P_{ab} = \frac{m \cdot g \cdot h}{t}$$

$$M = \frac{P_{ab} \cdot t}{g \cdot h}$$

$$M = \frac{25760W \cdot 3600s}{9{,}81\frac{m}{s^2} \cdot 35m}$$

$$m = 270091kg$$

Beispiel:
Ein Kran soll Werkstücke von 6500kg in 10 Sekunden um 5,2m anheben. Zwischen Motor und Seiltrommel ist ein Getriebe mit einem Wirkungsgrad von 0,85 angeordnet. Wie hoch ist die vom Motor aufzubringende Leistung?

$$P_{Mot} \cdot \eta = P_{ab}$$

$$P_{Mot} = \frac{P_{ab}}{\eta}$$

$$P_{Mot} = \frac{m \cdot g \cdot h}{t \cdot \eta}$$

$$P_{Mot} = \frac{6500kg \cdot 9{,}81\frac{m}{s^2} \cdot 5{,}2m}{10s \cdot 0{,}85}$$

$P_{Mot} =$ 39009W

$P_{Mot} =$ <u>39kW</u>

Beispiel:

Auf einer Drehmaschine wird ein Werkstück mit 120m/min bearbeitet. Die dabei auftretende Schnittkraft wird mit 5200N gemessen. Der Antriebsmotor gibt 12kW an die Maschine ab. Wie hoch ist der Wirkungsgrad der Maschine?

$$P_{Mot} \cdot \eta = P_{ab}$$

$$\eta = \frac{P_{ab}}{P_{Mot}}$$

$$\eta = \frac{F \cdot v}{P_{Mot}}$$

$$\eta = \frac{5200N \cdot 2\frac{m}{s}}{12000\frac{Nm}{s}}$$

$\eta =$ <u>0,87</u>

Beispiel:

Eine Pumpe mit einem Wirkungsgrad von 0,8 wird von einem Elektromotor mit dem Wirkungsgrad 0,82 angetrieben. Mit der Pumpe sollen pro Minute 400 Liter Wasser 60m hoch gefördert werden. Welche Leistungsaufnahme hat der Motor?

$$P_{ab} = \frac{m \cdot g \cdot h}{t}$$

$$P_{ab} = \frac{400kg \cdot 9{,}81\frac{m}{s^2} \cdot 60m}{60s}$$

$P_{ab} =$ <u>3924W</u>

$$P_{El} \cdot \eta_M \cdot \eta_P = P_{ab}$$

$$P_{El} = \frac{P_{ab}}{\eta_M \cdot \eta_P}$$

$$P_{El} = \frac{3924W}{0{,}8 \cdot 0{,}82}$$

P_{El} = <u>5982W</u>

Beispiel:
Ein Pumpenspeicherkraftwerk nimmt innerhalb eines Jahres 800000 MWh auf und gibt in diesem Zeitraum an 300 Tage jeweils 10 Stunden lang eine durchschnittliche Leistung von 165 MW ab. Wie groß ist der Wirkungsgrad der Anlage?

$W_{ab} = P_{ab} \cdot t$

W_{ab} = 165 MW · 300 · 10h

W_{ab} = 495000 MWh

$$H = \frac{W_{ab}}{W_{zu}}$$

$$H = \frac{495000MWh}{800000MWh}$$

η = <u>0,619</u>

5.5 Einfache Maschinen

F2025 A4 d

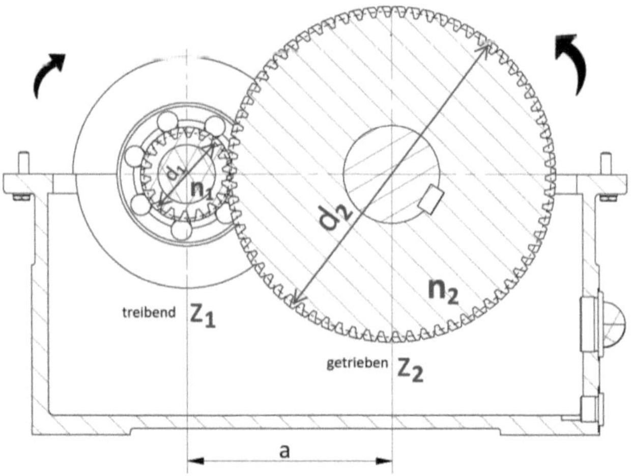

$$i = \frac{d_{2\ Abtrieb}}{d_{1\ Antrieb}} = \frac{z_{2\ Abtrieb}}{z_{1\ Antrieb}} = \frac{n_{1\ Antrieb}}{n_{2\ Abtrieb}}$$

$i_g = i_1 \cdot i_2 \cdot i_3 \ldots$

d = Durchmesser
z = Zähnezahl
n = Drehzahl

a= Achsabstand
i = Übersetzungsverhältnis
i_g = Gesamtübersetzungsverhältnis

F2025 A4 c,d

Beispiel:
Gegeben:

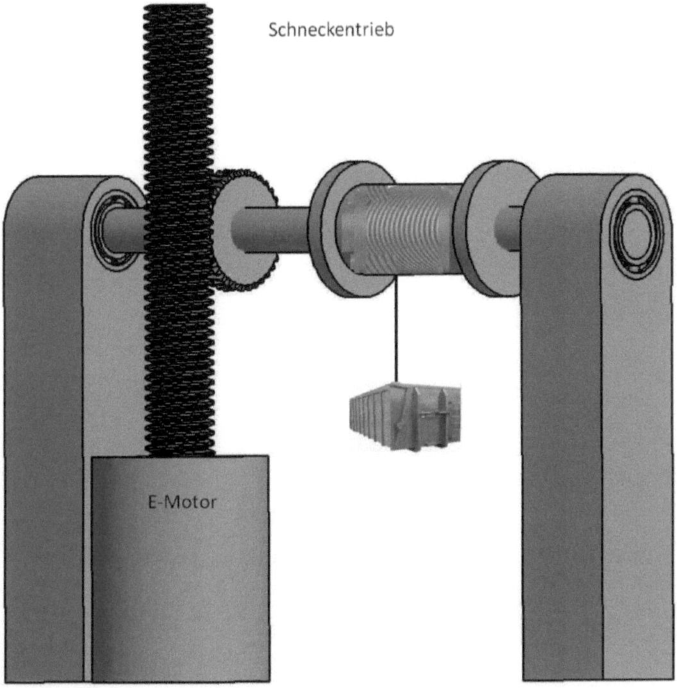

Schneckenrad: 1 Zahn
Zahnrad: 40 Zähne
P_{ab} = 15Kw
U = 400V
n = 500 min^{-1}
Trommeldurchmesser: 800mm
Die Last im Container beträgt 5 Tonnen.

Kann der Motor ein ausreichendes Drehmoment für die Last aufbringen?
Gesucht: Lastmoment in Nm, Motordrehmoment in Nm
I, gesamt = z_2/z_1 = 40 : 1 = 40
F = m· g = 5000Kg · 9,81m/s^2 = 49050N
Drehmoment: M = F ·l

Lastmoment:

800 mm = 0,8m, Wirksamer Hebel durch 2!

$M_{Seiltrommel}$ = 49050N · 0,8m/2 = 19620Nm

I_{gesamt} = $M_{Seilt.}$/M_{Motor}

M_{Motor} = $M_{Seilt.}$ / I_{gesamt} = 19620Nm/ 40 = 490Nm

Drehmoment des Motors:

M_{Motor} = 15000W/(2·π·n_{Motor}) = $\frac{15000W}{2 \cdot \pi \cdot 500min^{-1}}$ = 4,77$\frac{W}{min^{-1}}$

Einheitenbetrachtung!

$$4{,}77\frac{W}{min^{-1}} \cdot \frac{Nm/\not{s}}{1/60\not{s}} = 286{,}47Nm$$

Der Motor kann das Drehmoment für die Last *nicht* aufbringen. Welcher Wert am Motor könnte geändert werden um die Last zu heben?

Am einfachsten, die Drehzahl des Motors verringern:

Drehmoment des Motors:

M_{Motor} = 15000W/(2·π·n_{Motor}) = $\frac{15000W}{2 \cdot \pi \cdot 250min^{-1}}$ = 9,55$\frac{W}{min^{-1}}$

Einheitenbetrachtung!

$$9{,}55\frac{W}{min^{-1}} \cdot \frac{Nm/\not{s}}{1/60\not{s}} = 572{,}96Nm$$

Ermittle die Geschwindigkeit der Last.

Geg.: n = 250min-1, Durchmesser der Trommel: 0,8m

$$n_{Rad} = \frac{n_{Schnecke}}{i} = \frac{250}{40} = 6{,}25min^{-1}$$

$$v_c = d \cdot \pi \cdot n = 0{,}8m \cdot \pi \cdot 6{,}25min^{-1} = 15{,}7m/min^{-1}$$

6. Druck

6.1 Druck in Flüssigkeiten / Gasen, Fluidtechnik

F2017, F2025 2a,b,d

Wirkt auf eine Flüssigkeit eine äußere Kraft, so entsteht in dieser ein Druck. Dieser pflanzt sich nach allen Seiten in gleicher Größe fort.

Der Druck erhält das Formelzeichen p und wird berechnet mit

$$P = \frac{F}{A}$$

F = Kraft

A = Fläche

P = Druck

Die SI-Einheit für den Druck ist das Pascal mit dem Einheitenzeichen Pa

$$1\text{Pa} = 1\,\frac{\text{N}}{\text{m}^2}$$

In der Technik wird meistens mit der Maßeinheit bar gerechnet.

$$1\text{bar} = 10\,\frac{\text{N}}{\text{cm}^2} = 10^5\frac{\text{N}}{\text{m}^2}$$

Bei der Durchführung von Berechnungen ist darauf zu achten, wie der Druck angegeben ist. Bei der Druckangabe „absoluter Druck“ (p_{abs}) wird von „Null“ ausgehend gerechnet, er wird auf das Vakuum bezogen. Der Luftdruck der Atmosphäre wird mit p_{amb} bezeichnet. Wenn nicht anders angegeben, wird dieser bei technischen Berechnungen mit 1bar angesetzt. Der Überdruck wird mit p_e bezeichnet.

Es gilt

$$P_e = p_{abs} - p_{amb}$$

Beispiel:
Der Überdruck eines PKW wird mit 2,5 bar angegeben
Wie hoch ist der absolute Druck p_{abs}?
$P_e = p_{abs} - p_{amb}$
$p_{abs} = P_e + p_{amb} = 2{,}5 bar + 1 bar = 3{,}5$ Bar

6.1.1 Druckkraft auf Flächen (Kolbenpressung)

Eine Kraft F, die auf eine Kolbenfläche A wirkt, erzeugt einen Druck, der in der gesamten Flüssigkeit wirkt. Der Druck hat keine bestimmte Richtung. Die durch den Flüssigkeitsdruck verursachte Kraft wirkt stets senkrecht zur Angriffsfläche.

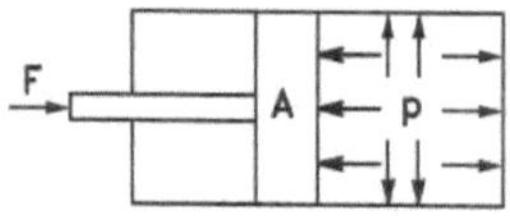

$$p = \frac{F}{A}$$

F = Kraft
A = Fläche
p = Druck

Beispiel:
Eine Stempelkraft von F = 15kN wirkt auf einen Kolben mit 110mm Durchmesser. Welcher Druck wird in der Flüssigkeit hervorgerufen? (in bar und Pa)

$$p = \frac{F}{A} \quad \text{nach A,} \quad A = \frac{d^2 \cdot \pi}{4} = \frac{(11\text{cm})^2 \cdot \pi}{4} = 95{,}03\text{cm}^2$$

$$p = \frac{15000 \text{ N}}{95{,}03 \text{ cm}^2} = 157{,}8 \frac{\text{N}}{\text{cm}^2} = 15{,}8 \text{ bar} = 15{,}8 \cdot 10^5 \text{Pa}$$

6.1.2 Hydraulische Kraftübersetzung

Mit einem hydraulischen Kraftübersetzer kann eine kleine Kraft in eine große übersetzt werden. Am Pumpenkolben wirkt eine Kraft F_1auf die Fläche A_1. Dadurch entsteht der Druck p.

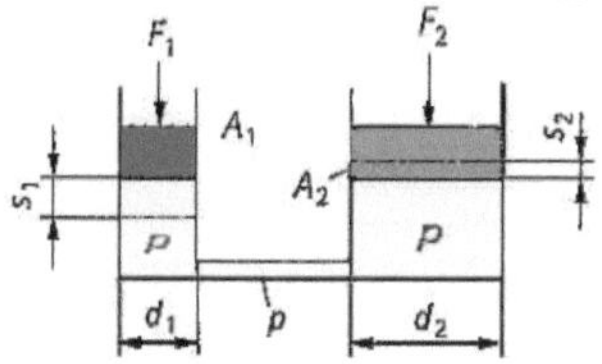

$$p = \frac{F}{A}$$

Da der Druck im gesamten System gleich ist, gilt

$$p_1 = \frac{F_1}{A_1} \qquad p_2 = \frac{F_2}{A_2}$$

$$\frac{F_1}{A_1} = \frac{F_2}{A_2}$$

Das durch den Pumpenkolben verdrängte Flüssigkeitsvolumen ist gleich der Veränderung des Flüssigkeitsvolumen auf der Arbeitskolbenseite

$$V_1 = A_1 \cdot s_1 \qquad V_2 = A_2 \cdot s_2$$

$$A_1 \cdot s_1 = A_2 \cdot s_2$$

Beispiel:

Der Pumpenkolben einer hydraulischen Presse hat einen Durchmesser von 50mm. Er wird mit einer Kraft von 150N um 60mm verschoben.

a) Berechnen Sie die am Arbeitskolben wirkende Kraft, wenn dieser einen Durchmesser von 100mm hat.

b) Berechnen Sie den Hubweg des Arbeitskolbens.

a) $\frac{F_1}{A_1} = \frac{F_2}{A_2}$

$$F_2 = \frac{F_1 \cdot A_2}{A_1}$$

$$A_1 = \frac{(50\text{mm})^2 \cdot \pi}{4} = 1963{,}5\ \text{mm}^2$$

$$A_2 = \frac{(100\text{mm})^2 \cdot \pi}{4} = 7854\ \text{mm}^2$$

$$F_2 = \frac{150\ \text{N} \cdot 7854\ \text{mm}^2}{1963{,}5\ \text{mm}^2}$$

F_2 = 600 N

Hinweis: Der Ausdruck $\frac{A_1}{A_2}$ $\left(\text{bzw.} \frac{A_2}{A_1}\right)$ lässt sich auch auf die Durchmesser beziehen:

$$\frac{A_1}{A_2} = \frac{\frac{{d_2}^2 \cdot \pi}{4}}{\frac{{d_1}^2 \cdot \pi}{4}} = \frac{{d_2}^2}{{d_1}^2} = \left(\frac{d_2}{d_1}\right)^2$$

dann gilt:

$$F_2 = F_1 \cdot \left(\frac{d_2}{d_1}\right)^2 = 150\text{N} \cdot \left(\frac{100\ \text{mm}}{50\ \text{mm}}\right)^2 = 600\ \text{N}$$

b) $A_1 \cdot s_1 = A_2 \cdot s_2$

$$s_2 = \frac{A_1 \cdot S_1}{A_2} = \frac{1963{,}5\ \text{mm}^2 \cdot 60\ \text{mm}}{7854\ \text{mm}^2} = 15\ \text{mm}$$

oder

$$s_2 = s_1 \cdot \left(\frac{d_2}{d_1}\right)^2 = 60\ \text{mm} \cdot \left(\frac{100\ \text{mm}}{50\ \text{mm}}\right)^2 = 15\ \text{mm}$$

6.1.3 Druckübersetzung

Mit einem hydraulischen Druckübersetzer kann ein Druck in einen kleineren/größeren Druck übersetzt werden.
Am Pumpenkolben wirkt der Druck p_1 auf die Fläche A_1. Dadurch entsteht am Kolben die Kraft F_1.

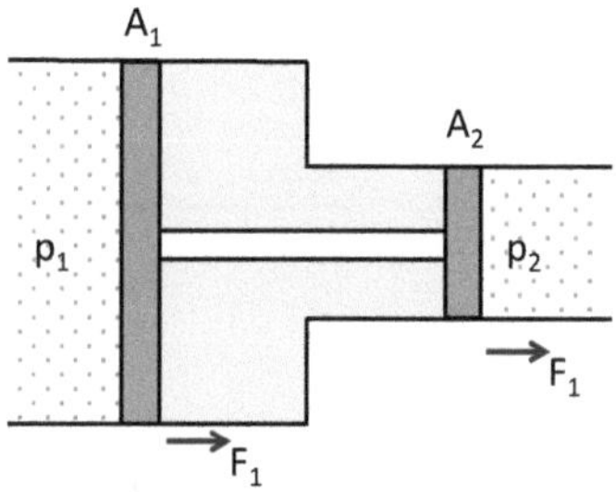

$$F_1 = p_1 \cdot A_1$$

Diese Kraft wirkt auf die Fläche A_2 und erzeugt hier den Druck p_2.

Da die Kraft überall gleich groß ist, gilt:

$$\frac{p_1}{p_2} = \frac{A_2}{A_1}$$

Beispiel:
Auf einen Kolben mit einem Durchmesser von 40mm wirkt ein Druck von 8bar.
a) Berechnen Sie die am Kolben entstehende Kraft

b) Berechnen Sie den auf der anderen Seite entstehenden Druck, wenn der kleinere Kolben einen Durchmesser von 20mm hat

Lösung

a) 1bar = 10N/cm²

$F_1 = p_1 \cdot A_1$

$$F_1 = 8\text{bar} \cdot \frac{(4\text{cm})^2 \cdot \pi}{4}$$

$$F_1 = 80\frac{\text{N}}{\text{cm}^2} \cdot \frac{(4\text{cm})^2 \cdot \pi}{4} = 1005{,}3\text{N}$$

b)

$$\frac{p_1}{p_2} = \frac{A_2}{A_1}$$

$$A_1 = \frac{(40\text{mm})^2 \cdot \pi}{4} = 1256{,}6\ \text{mm}^2$$

$$p_2 = \frac{p_1 \cdot A_1}{A_2}$$

$$A_2 = \frac{(20\text{mm})^2 \cdot \pi}{4} = 314{,}2\ \text{mm}^2$$

$p_2 = 32$ bar

oder:

$$p_2 = \frac{F_1}{A_2} = \frac{1005{,}3\ \text{N}}{3{,}14\ \text{cm}^2} = 320\ \frac{\text{N}}{\text{cm}^2} = 32\ \text{bar}$$

6.1.4 Hydrostatischer Druck

Flüssigkeiten unterliegen der Schwerkraft. Daher herrscht in ihnen ständig ein Druck, der nur von der Gewichtskraft herrührt. Dieser Druck wird als hydrostatischer Druck bezeichnet.

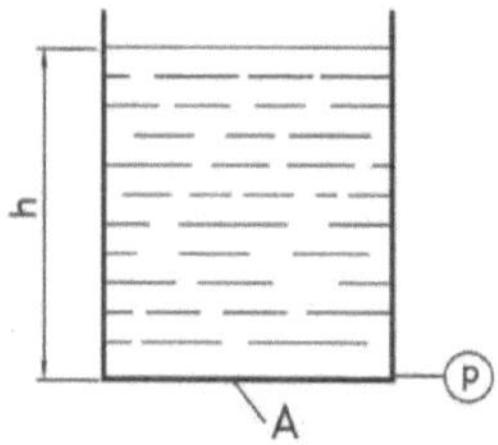

$$p = \frac{F_G}{A}$$

Die auf die Fläche A wirkende Gewichtskraft hängt ab vom Volumen und der Dichte der senkrecht auf A stehenden Flüssigkeitssäule.

$$F_G = V \cdot \varrho \cdot g$$

$$F_G = A \cdot h \cdot \varrho \cdot g$$

somit wird

$$p = \frac{A \cdot h \cdot \varrho \cdot g}{A}$$

p = hydrostatischer Druck (Bodendruck)

$$p = h \cdot \varrho \cdot g$$

h = Höhe der Flüssigkeitssäule

ϱ = Dichte der Flüssigkeit

Beispiel:

Im Keller eines mehrstöckigen Hauses wird in der Wasserleitung ein Druck von 4,2 bar gemessen. Berechnen Sie den Druck im zweiten Obergeschoss, das 8m höher liegt.

Lösung

Die Druckdifferenz zwischen dem zweiten Obergeschoss und dem Keller beträgt

$$\Delta p = h \cdot \varrho \cdot g$$

$$\Delta p = 8\ m \cdot 1000\ kg/m^3 \cdot 9{,}81\ m/s^2$$

$$\Delta p = 78480\ Pa = 0{,}785\ bar$$

Der in 8m Höhe vorhandene Druck beträgt dann

$$p_8 = 4{,}2\ bar - 0{,}785\ bar = \underline{3{,}415\ bar}$$

6.2 Strömung von Flüssigkeiten in Rohren

6.2.1 Strömung in Rohren mit gleichbleibendem Querschnitt

H2019, F2020, F2023

Das in einer Zeiteinheit fließende Flüssigkeitsvolumen wird als Volumenstrom bezeichnet.
Das Formelzeichen ist Q oder $\dot{V}$

$$Q = \frac{V}{t}$$

Q = Volumenstrom
V = Flüssigkeitsvolumen
t = Zeit

Wird von einem konstanten Volumenstrom ausgegangen, so beträgt der Volumenstrom

$$Q = v \cdot A$$

v = Strömungsgeschwindigkeit
A = Rohrquerschnitt

Aus den beiden Gleichungen für Q folgt

$$\frac{V}{t} = v \cdot A$$

$$V = v \cdot A \cdot t$$

Beispiel:
Durch ein Rohr mit 18mm Innendurchmesser strömt Öl mit einer Geschwindigkeit von 2m/s. Berechnen Sie den Volumenstrom in Liter pro Minute.

$$Q = v \cdot A \qquad A = \frac{d^2 \cdot \pi}{4} = \frac{(18\text{mm})^2 \cdot \pi}{4}$$

$$Q = 2\text{m/s} \cdot 0{,}00025447\ \text{m}^2 \qquad A = 254{,}47\ \text{mm}^2$$

$Q = 0{,}0005089\ m^3/s$ $A = 0{,}00025447\ m^2$

$Q = 0{,}0305\ m^3/min$

$Q = 30{,}5\ l/min$

Häufig ist es zweckmäßiger, die Maßeinheiten vorher anzupassen (1Liter = $1 dm^3$)

$$2\frac{m}{s} = 20\frac{dm}{s} = 1200\frac{dm}{min}$$

$$A = \frac{(0{,}18dm)^2 \cdot \pi}{4} = 0{,}0254\ dm^2$$

$$Q = 1200\frac{dm}{min} \cdot 0{,}0254\ dm^2 = 30{,}5\ \frac{dm^3}{min}$$

Beispiel:
Durch ein Rohr mit 75mm Innendurchmesser strömen in 20 Minuten 8,5 m^3 Wasser. Berechnen Sie die Strömungsgeschwindigkeit in m/s.

$$V = v \cdot A \cdot t$$

$$V = \frac{V}{A \cdot t} \qquad A = \frac{(0{,}075m)^1 \cdot \pi}{4}$$

$$V = \frac{8{,}5m^3}{0{,}00441m^2 \cdot 1200s} \qquad A = 0{,}00441m^2$$

$t = 1200s$
$v = 1{,}606\ m/s$

6.2.2 Strömung in Rohren mit veränderlichem Querschnitt

Beim Durchströmen einer Flüssigkeit in einer Röhre mit veränderlichem Querschnitt ändert sich die Durchflussgeschwindigkeit.

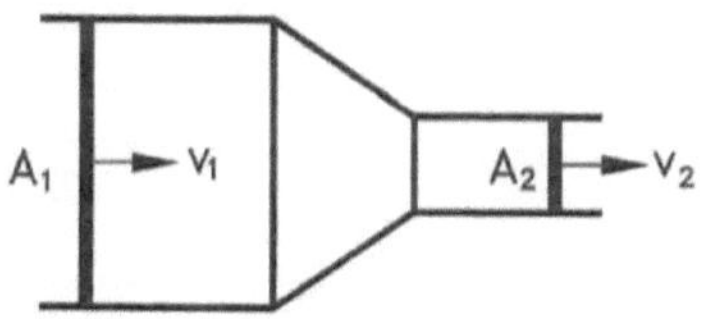

Weil Flüssigkeiten inkompressibel sind, muss der Volumenstrom an allen Stellen gleich sein:

$$Q_1 = Q_2$$

$$A_1 \cdot v_1 = A_2 \cdot v_2 \qquad \text{(Kontinuitätsgleichung)}$$

Bei großen Querschnitten ist die Strömungsgeschwindigkeit klein, bei kleinen Querschnitten ist sie groß.

Beispiel:
Eine Pumpe fördert Wasser mit einer Geschwindigkeit von 0,4m/s über eine Ansaugleitung mit einem Innendurchmesser von 50mm. Der Durchmesser der Druckleitung beträgt 20mm.

Berechnen Sie
a) den Volumenstrom (m^3/h)
b) die Strömungsgeschwindigkeit im Druckrohr (m/s)

Lösung

a) $Q_1 = A_1 \cdot v_1$

$$Q_1 = \frac{d^2 \cdot \pi}{4} \cdot v_1$$

$$Q_1 = \frac{(0{,}05\text{m})^2 \cdot \pi}{4} \cdot 0{,}4\,\frac{\text{m}}{\text{s}}$$

$Q_1 = 0{,}000785\ \text{m}^3/\text{s} = \underline{2{,}83\ \text{m}^3/\text{h}}$

b) $Q_2 = A_2 \cdot v_2$

$$v_2 = \frac{Q_2}{A_2}$$

$$V_2 = \frac{0{,}000785\,\frac{\text{m}^3}{\text{s}}}{(0{,}02\text{m})^2 \cdot \frac{\pi}{4}} = 2{,}5\,\frac{\text{m}}{\text{s}}$$

6.2.3 Kolbengeschwindigkeit

6.2.3.1 Einseitig beaufschlagter Kolben

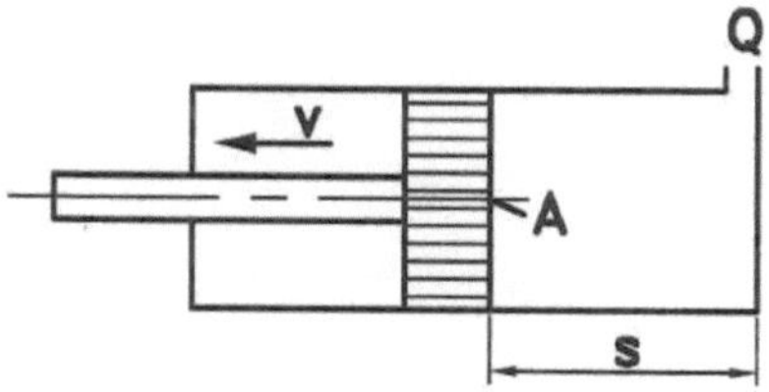

Die Geschwindigkeit, mit der sich ein einseitig beaufschlagter Kolben bewegt, berechnet sich nach

$$v = \frac{Q}{A}$$

v = Kolbengeschwindigkeit
Q = Volumenstrom
A = Kolbenfläche

Da $Q = \frac{V}{t}$ ist, (s. 6.2.1), lässt sich die Kolbengeschwindigkeit auch berechnen mit

$$v = \frac{Q}{A \cdot t}$$ t = Zeit

Beispiel:
In einem einseitig beaufschlagten Hydraulikzylinder soll der Kolben mit einem Durchmesser von 60mm und einem Hub von 120mm vollständig ausgefahren werden. Berechnen Sie die dazu benötigte Zeit, wenn der Volumenstrom 20 Liter pro Minute beträgt.

Lösung

$$v = \frac{Q}{A} \qquad A = \frac{d^2 \cdot \pi}{4} = \frac{(0{,}6\text{dm})^2 \cdot \pi}{4} = 0{,}283\text{dm}^2$$

$$v = \frac{20\,\frac{\text{dm}^3}{\text{min}}}{0{,}283\text{dm}^2}$$

v = 70,67 dm/min = <u>1,18 dm/s</u>

$$v = \frac{s}{t}$$

$$t = \frac{s}{v}$$

$$t = \frac{1{,}2\text{dm}}{1{,}18\,\frac{\text{dm}}{\text{s}}} = 1{,}02\text{s}$$

6.2.3.2 Beidseitig beaufschlagter Kolben

F2023

Bei einem beidseitig beaufschlagten Hydraulikzylinder sind die Ausfahr- und die Einfahrgeschwindigkeit unterschiedlich, da die jeweils wirksamen Kolbenflächen unterschiedlich groß sind. Dadurch erfolgt das Ausfahren des Zylinders (in der Regel der Arbeitshub) mit großer Kraft und geringer Geschwindigkeit und der Einfahrvorgang mit geringer Kraft und höherer Geschwindigkeit.

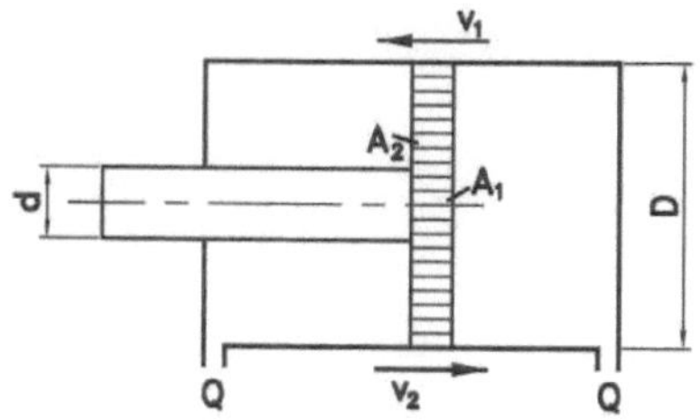

Die Geschwindigkeiten zum Ausfahren und zum Einfahren betragen (s. 5.2.3.1)

$$v_1 = \frac{Q}{A_1} \text{ und } v_2 = \frac{Q}{A_2}$$

v_1 = Ausfahrgeschwindigkeit
v_2 = Einfahrgeschwindigkeit
A_2 = Kolbenfläche
Q = Volumenstrom

Daraus folgt:

$v_1 \cdot A_1 = v_2 \cdot A_2$ (s. Kontinuitätsgleichung, 6.2.2)

Beispiel:
Die Hydraulikanlage einer Werkzeugmaschine wird mit einem Volumenstrom von 22 l/min und einem Druck von p_e = 40 bar betrieben. Der Hub des Hydraulikzylinders beträgt 250mm, der Kolben hat einen Durchmesser von 60mm, der Kolbenstangendurchmesser beträgt 25mm.

Berechnen Sie
a) die Ausfahrgeschwindigkeit des Kolbens (m/min)
b) die Einfahrgeschwindigkeit des Kolbens (m/min)
c) die Zeit für einen Arbeitshub (s)
d) die Zeit für den Rückhub (s)
e) die wirksame Kolbenkraft beim Ausfahren (s.6.1.1)
f) die wirksame Kolbenkraft beim Einfahren (s.6.1.1)

Lösung

a) $$v_1 = \frac{Q}{A_1} \qquad A_1 = \frac{D^2 \cdot \pi}{4} = \frac{(0{,}6\text{dm})^2 \cdot \pi}{4} = 0{,}283\text{dm}^2$$

$$v_1 = \frac{22\,\frac{\text{dm}^3}{\text{min}}}{0{,}283\ \text{dm}^2}$$

v_1 = 77,7 dm/min = 7,77 m/min

b) $$v_2 = \frac{Q}{A_2}$$

$$A_2 = \frac{\pi}{4} \cdot (D^2 - d^2) = \frac{\pi}{4} \cdot ((0{,}6\ \text{dm})^2 - (0{,}25\ \text{dm})^2)$$

$A_2 = 0{,}234\ \text{dm}^2$

$$v_2 = \frac{22\,\frac{\text{dm}^3}{\text{min}}}{0{,}234\ \text{dm}^2}$$

v_2 = 94 dm/min = <u>9,4 m/min</u>

c) $v_1 = \frac{s}{t_1}$

$t_1 = \frac{s}{v_1}$

$t_1 = \frac{0{,}25m}{7{,}77\frac{m}{min}} = 0{,}032min = 1{,}93s$

d) $v_2 = \frac{s}{t_2}$

$t_2 = \frac{s}{v_2}$

$T_2 = \frac{0{,}25m}{9{,}4\frac{m}{min}} = 0{,}0266\,min = 1{,}6\,s$

e) $p_e = \frac{F_1}{A_1}$ 40bar = 400N/cm²

$F_1 = p_e \cdot A_1$

$F_1 = 400N/cm^2 \cdot 28{,}3\ cm^2$

F_1 = <u>11320N</u>

f) $p_e = \frac{F_2}{A_2}$

$F_2 = 400N/cm^2 \cdot 23{,}4cm^2$

F_2 = <u>9360N</u>

6.3 Hydraulische Leistung

Die hydraulische Leistung ist das Produkt aus Kolbenkraft und Kolbengeschwindigkeit

$P = F \cdot v$

P = Leistung
F = Kolbenkraft
v = Kolbengeschwindigkeit

Die hydraulische Leistung kann auch errechnet werden aus dem Volumenstrom und dem Druck

$P = Q \cdot p$

Q = Volumenstrom
p = Druck

Beispiel:
Für die Beispielaufgabe aus 6.2.3.2 ist die hydraulische Leistung auf zwei Arten zu berechnen.

1. $P = F_1 \cdot v_1$
$P = 11320\text{N} \cdot 0{,}1295\text{m/s}$
$P = \underline{1466\text{W}}$

2. $P = Q \cdot p_e$

$$Q = 22\frac{\text{dm}^3}{\text{min}} = 0{,}37\frac{\text{dm}^3}{\text{s}} = 0{,}00037\frac{\text{m}^3}{\text{s}}$$

$$P = 0{,}00037\,\frac{\text{m}^3}{\text{s}} \cdot 40 \cdot 10^5\,\frac{\text{N}}{\text{m}^2}$$
$$40\text{bar} = 40 \cdot 10^5\,\frac{\text{N}}{\text{m}^2}$$

$P = \underline{1466{,}6\text{W}}$

6.4 Luftverbrauch in Pneumatikzylindern

Die Kraftübertragung in einem pneumatischen System erfolgt durch Druckluft. Im Gegensatz zu Flüssigkeiten ist diese jedoch kompressibel, d.h. unter Krafteinwirkung verändert sich das Volumen der Luft. Während in einer Hydraulikanlage die Flüssigkeit nach Energieabgabe in einen Tank zurückfließt, wird das Arbeitsmedium Luft nach Abgabe der Energie in die Umgebung geleitet. Es kommt also zu einem „Luftverbrauch".
Der nutzbare Druck (Arbeitsdruck, Überdruck) ergibt sich somit als Differenz von dem absoluten Druck in der Anlage und dem Umgebungsdruck. Dieser wird, wenn nicht anders angegeben, bei technischen Rechnungen mit 1bar angesetzt. (s.6.1)

6.4.1 Einfachwirkender Zylinder

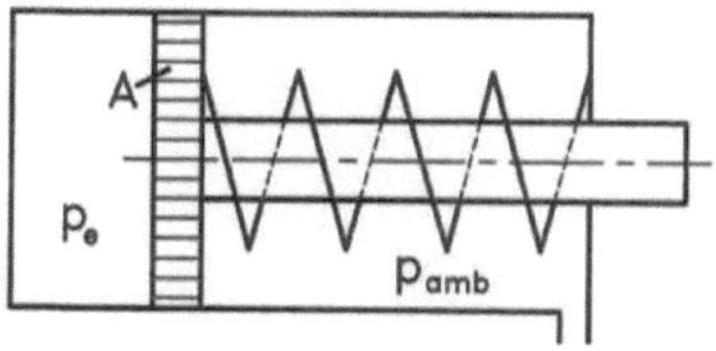

Der Luftverbrauch je Zeiteinheit wird berechnet mit

$$Q = A \cdot s \cdot n \cdot \frac{p_e + p_{amb}}{p_{amb}}$$

Q = Luftverbrauch je Zeiteinheit
A = Kolbenfläche
s = Kolbenhub
n = Hubfrequenz
p_e = Überdruck im Zylinder
p_{amb} = Umgebungsdruck

Beispiel:

Ein einfach wirkender Zylinder hat einen Durchmesser von 40mm und einen Hub von 100mm. Er wird mit einem Arbeitsdruck von 6bar betrieben. Es werden 40 Hübe pro Minute benötigt. Berechnen Sie den Luftverbrauch in Liter pro Stunde.

$$Q = A \cdot s \cdot n \cdot \frac{p_{e} + p_{amb}}{p_{amb}}$$

$$Q = \frac{(0{,}4\mathrm{dm})^2 \cdot \pi}{4} \cdot 1\mathrm{dm} \cdot 40 \frac{1}{\mathrm{min}} \cdot \frac{6\mathrm{bar}+1\mathrm{bar}}{1\mathrm{bar}}$$

$$Q = 35{,}18 \frac{\mathrm{dm}^3}{\mathrm{min}} = 2111 \frac{\mathrm{l}}{\mathrm{h}}$$

Beispiel:

Zum Betrieb eines einfach wirkenden Pneumatikzylinders mit einem Durchmesser von 40mm steht ein Kompressor zur Verfügung, der maximal 50l/min bei p_e = 8bar liefern kann. Mit dem Zylinder sollen 30 Arbeitshübe pro Minute ausgeführt werden. Ermitteln Sie die maximal mögliche Hublänge, wenn der Umgebungsdruck 1,1bar beträgt.

$$Q = A \cdot s \cdot n \cdot \frac{p_{e} + p_{amb}}{p_{amb}}$$

$$A = \frac{d^2 \cdot \pi}{4} = \frac{(0{,}4\mathrm{dm})^2 \cdot \pi}{4} = 0{,}126\mathrm{dm}^2$$

$$S = \frac{Q}{A \cdot n} \cdot \frac{p_{amb}}{(p_e + p_{amb})}$$

$$S = \frac{50 \frac{\mathrm{dm}^3}{\mathrm{min}}}{0{,}126\ \mathrm{dm}^2 \cdot 30 \frac{1}{\mathrm{min}}} \cdot \frac{1{,}1\mathrm{bar}}{(8\mathrm{bar} + \ ,1\mathrm{bar})}$$

s = 1,598 dm = <u>160 mm</u>

6.4.2 Doppeltwirkender Zylinder

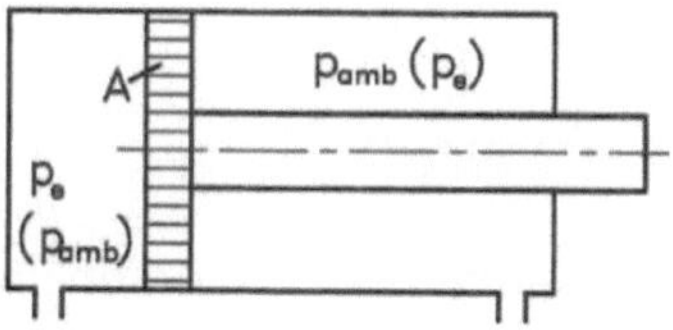

Bei dieser Zylinderbauart bleibt der geringfügig verringerte Luftverbrauch beim Rücklauf unberücksichtigt d.h. die Kolbenstangenfläche wird vernachlässigt. Dadurch verdoppelt sich der Luftverbrauch im Vergleich zum einfachwirkenden Zylinder.

$$Q = 2 \cdot A \cdot s \cdot n \cdot \frac{p_e + p_{amb}}{p_{amb}}$$ Legende s. 6.4.1

Beispiel:
Ein doppeltwirkender Pneumatikzylinder mit einem Durchmesser von 50mm und einer Hublänge von 100mm wird mit einem Arbeitsdruck von 6bar betrieben. Dazu stehen 30 Liter Druckluft pro Minute zur Verfügung. Welche Hubfrequenz ist maximal möglich?

Lösung

$$Q = 2 \cdot A \cdot s \cdot n \cdot \frac{p_e + p_{amb}}{p_{amb}}$$

$$n = \frac{Q}{2 \cdot A \cdot s} \cdot \frac{p_{amb}}{p_e + p_{amb}} \quad A = \frac{(0{,}5\text{dm})^2 \cdot \pi}{4} = 0{,}196\text{dm}^2$$

$$n = \frac{30\frac{l}{\text{min}}}{2 \cdot 0{,}196\text{dm}^2 \cdot 1\text{dm}} \cdot \frac{1\text{bar}}{6\text{bar} + 1\text{bar}}$$

n = 10,93 Hübe/Minute

7 Elektrotechnik

7.1 Elektrische Grundgrößen

H2021, H2025 4a

Stoffe sind aus nach außen neutralen Atomen aufgebaut. Dieses neutrale Verhalten wird dadurch hervorgerufen, dass sich die positiven Ladungen des Atomkerns mit den negativen Ladungen der Atomhülle neutralisieren. Werden einem Atom Elektronen entzogen, so überwiegt die positive Ladung, werden einem Atom Elektronen hinzugefügt, so überwiegt die negative Ladung. Eine derartige Ladungstrennung kann auf verschiedene Art und Weise erfolgen

- durch veränderliche Magnetfelder, z.B. Generatoren, Dynamos
- durch chemische Umsetzung z.B. Bleiakkumulator, Brennstoffzelle
- durch Wärmeeinwirkung z.B. Thermoelement
- durch Lichteinstrahlung z.B. Solarzelle
- durch Druckeinwirkung z.B. Piezoelement

7.1.1 Die elektrische Spannung

Ist eine Ladungstrennung erfolgt, so versuchen sich die unterschiedlichen Ladungen wieder auszugleichen. Das Ausgleichsbestreben zwischen zwei elektrischen Ladungen wird als elektrische Spannung bezeichnet. Sie wird mit dem Formelzeichen U abgekürzt und in Volt gemessen. Die elektrische Spannung ist die Ursache für das Fließen der Elektronen. Eine Gleichspannung hat ständig das gleiche Vorzeichen, bei einer Wechselspannung wechselt das Vorzeichen periodisch.

7.1.2 Der elektrische Strom

Verbindet man die Anschlüsse eines Spannungserzeugers mit einem leitenden Material, so können sich der Elektronenmangel und der Elektronenüberschuss ausgleichen. Die freien Elektronen werden von der positiven Seite angezogen und es findet ein Ladungstransport vom Minuspol zum Pluspol statt.
Diese Bewegung von Ladungsträgern wird als Strom bezeichnet. Er wird mit dem Formelzeichen I abgekürzt und in Ampere (A) gemessen.
Die technische Stromrichtung ist von Plus nach Minus festgelegt, unabhängig von der tatsächlichen Bewegungsrichtung der Ladungsträger.

7.1.3 Der elektrische Widerstand

F2019, H2019, H2023

Fließt in einem Leiter ein Strom, so setzt der Leiter dem elektrischen Strom einen Widerstand entgegen. Diesen kann man sich als Reibung vorstellen.
Die Größe des Widerstandes hängt von dem Material, der Länge und dem Querschnitt des Leiters ab.

$$R_L = \frac{\varrho \cdot L}{A}$$

R_L = Leiterwiderstand
ϱ = spez. Widerstand
L = Leiterlänge
A = Leiterquerschnitt

Somit kann der Leiterwiderstand auch berechnet werden mit

$$R_L = \frac{L}{\gamma \cdot A}$$

Beispiel:
Welchen Durchmesser muss der Kupferdraht einer Leitung von 2,15m Länge mindestens haben, wenn ihr Widerstand nicht größer als 0,1Ω sein soll?

$$R_L = \frac{\varrho \cdot L}{A}$$

$$A = \frac{\varrho \cdot L}{R_L}$$

$$A = \frac{0{,}0179\frac{\Omega\,mm^2}{m} \cdot 2{,}15m}{0{,}1\,\Omega}$$

$A = 0{,}38485mm^2$

$$A = \frac{d^2 \cdot \pi}{4}$$

$$d = \sqrt{\frac{4 \cdot A}{\pi}}$$

$$d = \sqrt{\frac{4 \cdot 0{,}38485mm^2}{\pi}}$$

d = <u>0,7mm</u>

Der Widerstand eines metallischen Leiters ist neben den Größen ϱ, L und A auch von der Temperatur abhängig.
Man spricht von Kaltleitern (PTC), wenn der Widerstand bei zunehmender Temperatur erhöht wird, umgekehrt spricht man von Heißleitern (NTC).

7.2 Der elektrische Schaltkreis

H2021, H2022

Ein Stromkreis wird durch eine leitende Verbindung von Spannungsquelle und Verbraucher gebildet.

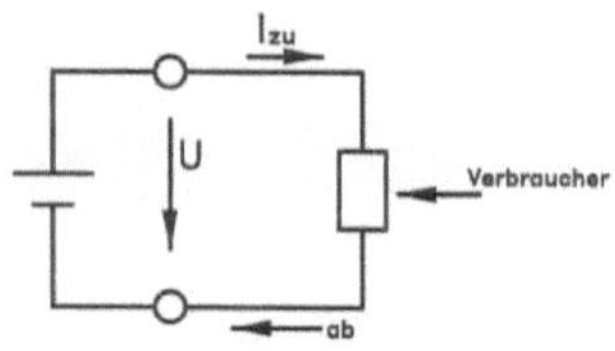

Durch die Spannung werden die Elektronen in einem Stromkreis in Bewegung gesetzt, also nicht erzeugt. Der dadurch entstehende Elektronenstrom fließt durch den gesamten Stromkreis. Es werden dadurch keine Elektronen verbraucht, denn der Strom der aus dem Pluspol herausfließt, tritt in derselben Größe wieder am Minuspol ein.

7.2.1 Das Ohm`sche Gesetz

F2024 3b

Die elektrischen Grundgrößen Spannung, Strom und Widerstand sind miteinander verknüpft. Dies Gesetzmäßigkeit ist das Ohm`sche Gesetz.

$$I = \frac{U}{R}$$

I = Strom
U = Spannung
R = Widerstand

Beispiel:
Wie lang ist der Draht einer Heizwicklung aus Konstantan mit 0,5mm² Querschnitt auszuführen, wenn bei einer Spannung von 230V ein Strom von 6A fließen soll?

$$R = \frac{U}{I}$$

$$R = \frac{230V}{6A}$$

$$R = 38{,}3\Omega$$

$$R = \frac{\varrho \cdot L}{A}$$

$$L = \frac{R \cdot A}{\varrho}$$

$$L = \frac{38{,}3\Omega \cdot 0{,}5mm^2}{0{,}49\frac{\Omega \cdot mm^2}{m}}$$

$$L = \underline{39{,}1m}$$

Beispiel:
An welche Spannung darf ein Widerstand von 2,5kΩ angeschlossen werden, wenn die maximal zulässige Stromstärke 50mA beträgt?

$$U = R \cdot I$$
$$U = 2500\Omega \cdot 0{,}05A$$
$$U = \underline{125V}$$

7.2.2 Reihenschaltung von Widerständen

F2016, H2022, *H2025 4a,b*

Die Hintereinanderschaltung mehrerer Verbraucher in einem Stromkreis wird Reihenschaltung genannt.

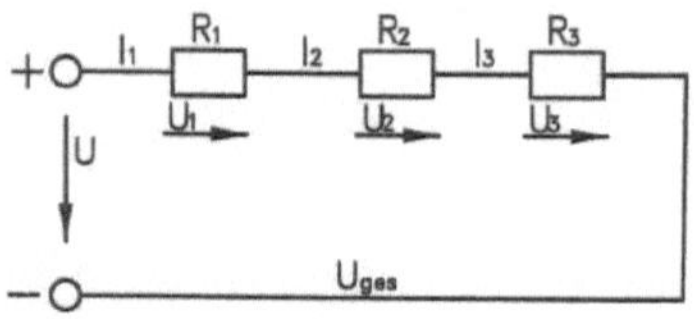

An jeder Stelle der Reihenschaltung ist die Stromstärke gleich groß. Es gilt

$$I = I_1 = I_2 = I_3$$

Die Spannung fällt an jedem Widerstand ab, die Gesamtspannung ist gleich der Summe der Teilspannungen

$$U_{ges} = U_1 + U_2 + U_3$$

Der Gesamtwiderstand berechnet sich aus der Summe der Einzelwiderstände

$$R_{ges} = R_1 + R_2 + R_3$$

Der Gesamtwiderstand ist immer größer als der größte an der Schaltung beteiligte Einzelwiderstand.
Nach dem Ohm`schen Gesetz gilt:

$$\frac{U_1}{U_2} = \frac{R_1}{R_2};\ \frac{U_1}{U_3} = \frac{R_1}{R_3};\ \frac{U_2}{U_3} = \frac{R_2}{R_3}$$

Beispiel:
Zwei in Reihe geschaltete Lampen für 230V dürfen höchstens von 10A durchflossen werden und jeweils an einer Spannung von 45V liegen. Wie groß muss der erforderliche Vorwiderstand sein?

$$U_V = U - 2 \cdot U_L$$
$$U_V = 230V - 2 \cdot 45V$$
$$U_V = \underline{140V}$$

$$R_V = \frac{U_V}{I}$$

$$R_V = \frac{140V}{10A}$$

$$R_V = \underline{14\Omega}$$

Beispiel:
Drei Widerstände liegen in Reihe:
$R_1 = 300\Omega$, $R_2 = 150\Omega$, $R_3 = 200\Omega$.
Wie groß ist die Gesamtspannung, wenn bei R_1 eine Teilspannung von 12V anliegt?

$$R_{ges} = R_1 + R_2 + R_3$$
$$R_{ges} = 300\Omega + 150\Omega + 200\Omega$$
$$R_{ges} = 650\Omega$$

$$\frac{U_{ges}}{R_{ges}} = \frac{U_1}{R_1}$$

$$U_{ges} = \frac{R_{ges} \cdot U_1}{R_1}$$

$$U_{ges} = \frac{650\Omega \cdot 12V}{300\Omega}$$

$$U_{ges} = \underline{26V}$$

Beispiel:

Eine Spannungsquelle mit 24V speist eine Reihenschaltung von vier Widerständen. Die Widerstände R_1, R_2 und R_3 sind gleich, sie haben einen Widerstandswert von jeweils 6kΩ. An ihnen fällt jeweils eine Spannung von 4V ab.

Wie groß sind

a) die Teilspannung U_4?

b) der Teilwiderstand R_4?

c) der Strom I?

a)

$$U_{ges} = U_1 + U_2 + U_3 + U_4$$

$$U_4 = U_{ges} - U_1 - U_2 - U_3$$

$$U_4 = 24V - 3 \cdot 4V$$

$$U_4 = \underline{12V}$$

b)

$$\frac{U_1}{U_4} = \frac{R_1}{R_4}$$

$$R_4 = \frac{R_1 \cdot U_4}{U_1}$$

$$R_4 = \frac{6k\Omega \cdot 12V}{4V}$$

$$R_4 = \underline{18k\Omega}$$

c)

$$I_1 = \frac{U_1}{R_1}$$

$$I_1 = \frac{4V}{6k}$$

$$I_1 = \underline{0,67A}$$

7.2.3 Parallelschaltung von Widerständen

F2016, F2022, F2024 3d,e, H2025 4a,b

Die in der Praxis am häufigsten vorkommende Schaltung ist die Parallelschaltung. Sie ist dadurch gekennzeichnet, dass an jedem Verbraucher die gleiche Spannung wirkt.
In allen Gebäuden und Häusern liegt zumeist die Parallelschaltung vor, da überall die gleiche Wechselspannung von 230V, anliegt.

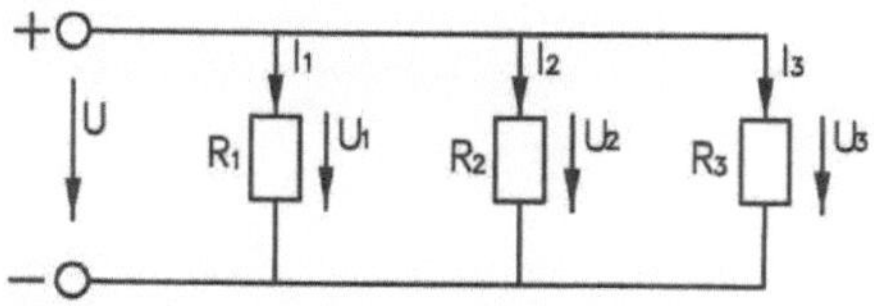

Alle Verbraucher liegen an der gleichen Spannung

$$U = U_1 = U_2 = U_3$$

Die Summe aller Einzelströme ist gleich dem Gesamtstrom

$$I_{ges} = I_1 + I_2 + I_3$$

Aus dem Ohm`schen Gesetz folgt für die Berechnung von Widerständen

$$\frac{1}{R_{ges}} = \frac{1}{R_1} + \frac{1}{R_2} + \frac{1}{R_3}$$

Sind nur 2 Widerstände parallel geschaltet so gilt

$$R_{ges} = \frac{R_1 \cdot R_2}{R_1 + R_2}$$

Ordnet man die Ströme den Widerständen zu, durch die sie fließen, so stellt man fest, dass durch den kleineren Widerstand der größere Strom fließt. Bei der Parallelschaltung verhalten sich die Ströme umgekehrt zueinander wie die dazugehörigen Widerstände

$$\frac{I_1}{I_2} = \frac{R_2}{R_1}\ ;\ \frac{I_1}{I_3} = \frac{R_3}{R_1}\ ;\ \frac{I_2}{I_3} = \frac{R_3}{R_2}$$

Beispiel:
Einem Widerstand R_1 = 300 Ω soll ein zweiter parallel gelegt werden, damit der Gesamtwiderstand 100 Ω beträgt. Wie groß ist der Strom durch diesen Widerstand, wenn der Gesamtstrom 0,6A beträgt?

$$\frac{1}{R_{ges}} = \frac{1}{R_1} + \frac{1}{R_2}$$

$$\frac{1}{R_2} = \frac{1}{R_{ges}} - \frac{1}{R_1}$$

$$\frac{1}{R_2} = \frac{1}{100\Omega} - \frac{1}{300\Omega}$$

R_2 = $\underline{150\Omega}$

$$I_2 \cdot R_2 = I \cdot R$$

$$I_2 = \frac{I \cdot R}{R_2}$$

$$I_2 = \frac{0{,}6A \cdot 100\Omega}{150\Omega}$$

I_2 = $\underline{0{,}4A}$

7.2.4 Gemischte Schaltungen

F2022, *H2025 4a,b,c*

Im einfachsten Fall besteht eine gemischte Schaltung aus drei Verbrauchern.

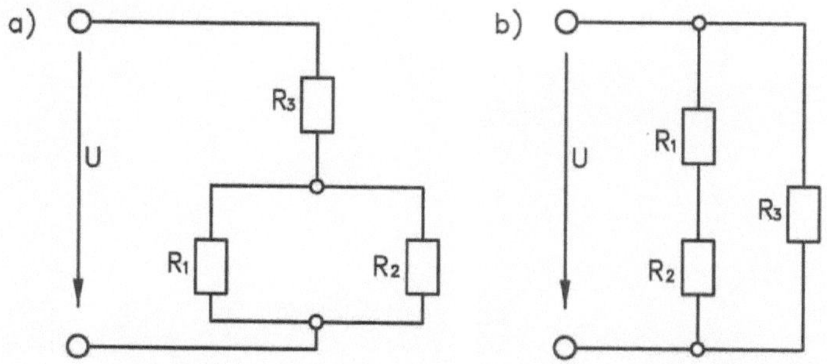

Sollen der Gesamtwiderstand und die Ströme einer gemischten Schaltung berechnet werden, so geht man in Teilschritten vor. Zunächst berechnet man den Teil der Schaltung, der aus einer Grundschaltung besteht. Im Fall a) ist das die Parallelschaltung von R_1 und R_2, im Fall b) ist das die Reihenschaltung von R_1 und R_2.
Im zweiten Schritt lässt sich dann im Fall a) eine Reihenschaltung aus $R_{1\,2}$ und R_3 berechnen und im Fall b) eine Parallelschaltung aus $R_{1\,2}$ und R_3

Beispiel:
Der Gesamtwiderstand und die Teilströme und Teilspannungen der Schaltungen a) und b) sind zu berechnen.
$R_1 = 10\Omega$, $R_2 = 20\Omega$, $R_3 = 30\Omega$, $U = 230V$

a) *R_1 und R_2 liegen parallel*

$$R_{1\,2} = \frac{R_1 \cdot R_2}{R_1 + R_2}$$

$$R_{1\,2} = \frac{10\Omega \cdot 20\Omega}{10\Omega + 20\Omega}$$

$R_{1\,2} = \underline{6{,}67\Omega}$

$R_{1\,2}$ und R_3 liegen in Reihe

$R_{ges} = R_{1\,2} + R_3$

$R_{ges} = 6{,}67\Omega + 30\Omega$

$R_{ges} = \underline{36{,}67\Omega}$

$$I_{ges} = \frac{U_{ges}}{R_{ges}}$$

$$I_{ges} = \frac{230V}{36{,}67\Omega}$$

$I_{ges} = \underline{6{,}27A}$

$I_3 = I_{ges} = \underline{6{,}27A}$

$U_3 = R_3 \cdot I_3$

$U_3 = 30\Omega \cdot 6{,}27A$

$U_3 = \underline{188{,}1V}$

$U_{1\,2} = U - U_3$

$U_{1\,2} = 230V - 188{,}1V$

$U_{1\,2} = \underline{41{,}9V}$

$$I_1 = \frac{U_{1\,2}}{R_1}$$

$$I_1 = \frac{41{,}9V}{10\Omega}$$

$I_1 = \underline{4{,}19A}$

$$I_2 = \frac{U_{1\,2}}{R_2}$$

$$I_2 = \frac{41{,}9V}{20\Omega}$$

I_2 = $\underline{2{,}095A}$

b) *R_1 und R_2 liegen in Reihe*

$R_{1\,2} = R_1 + R_2$

$R_{1\,2} = 10\Omega + 20\Omega$

$R_{1\,2}$ = $\underline{30\Omega}$

$R_{1\,2}$ + R_3 liegen parallel

$$R_{ges} = \frac{R_{1\,2} \cdot R_3}{R_{1\,2} + R_3}$$

$$R_{ges} = \frac{30\Omega \cdot 30\Omega}{30}$$

R_{ges} = $\underline{15\Omega}$

$$I_{ges} = \frac{U}{R_{ges}}$$

$$I_{ges} = \frac{230V}{15\Omega}$$

I_{ges} = $\underline{15{,}33A}$

$$I_3 = \frac{U}{R_3}$$

$$I_3 = \frac{230V}{30\Omega}$$

$I_3 = \underline{7,67A}$

$$I_{1\,2} = \frac{U}{R_{1\,2}}$$

$$I_{1\,2} = \frac{230V}{30\Omega}$$

$I_{1\,2} = \underline{7,67A}$

$U_1 = R_1 \cdot I_1$

$U_1 = 10\Omega \cdot 7,67A$

$U_1 = \underline{76,7V}$

$U_2 = R_2 \cdot I_2$

$U_2 = 20\Omega \cdot 7,67A$

$U_2 = \underline{153,4V}$

7.3 Elektrische Leistung

F2015, F2017, F2019, H2020, H2021, F2024 3a, *H2025 4c*

7.3.1 Bei Gleichstrom und einphasigem Wechselstrom

Stromstärke und **Ladung**

Elektronenladung: $e = 1{,}6 \cdot 10^{-19}$ C, e = Elementarladung

1 C = 1 A · 1 s = 1 As

C = Coloumb (Elektronenladung)

Elektrische Ladung Q:

$Q = I \cdot t$

I = elektrische Stromstärke

t = Zeit

Beispiel:

Eine Ladung fließt pro Sekunde mit 5,6mC. Welchen Wert hat die Stromstärke?

$$Q = I \cdot t$$

$$I = \frac{Q}{t}$$

$$I = \frac{5{,}6\text{mAs}}{1\text{s}} = 5{,}6\text{mA}$$

Die elektrische Leistung ist abhängig vom Strom und von der Spannung

$P = U \cdot I$ P = Leistung

U = Spannung

I = Strom

Nach dem Ohm`schen Gesetz lässt sich der Strom ausdrücken als

$$I = \frac{U}{R}$$

ebenso die Spannung als

$$U = I \cdot R$$

Setzt man I oder U in die Formel zur Berechnung der Leistung ein, so erhält man

$$P = \frac{U^2}{R}$$ und

$$P = I^2 \cdot R$$

Beispiel:
Auf einer Baustelle muss zur Beschleunigung eines Trockenvorgangs ein Heizstrahler eingesetzt werden, der bei einer Nennspannung von 230V eine Nennleistung von 2kW abgibt.
a) Wie hoch ist die Stromaufnahme?
b) Zur Durchführung weiterer Arbeiten muss ein 30m langes Verlängerungskabel eingesetzt werden. Dadurch fällt die Spannung am Heizstrahler auf 215V ab. Wie groß ist der Widerstand des Verlängerungskabels?
c) Wie hoch ist der prozentuale Leistungsverlust am Heizstrahler, wenn mit dem Verlängerungskabel gearbeitet wird?

a) $P = U \cdot I$

$$I = \frac{P}{U}$$

$$I = \frac{2000W}{230V}$$

$$I = \underline{8{,}7A}$$

b) $$R_L = \frac{U_V}{I}$$

$$R_L = \frac{230V - 215V}{8{,}7A}$$

R_L = <u>1,72Ω</u>

c) $P_{neu} = U \cdot I$

$P_{neu} = 215V \cdot 8{,}7A$

P_{neu} = <u>1870,5W</u>

$$\frac{P_{neu}}{P_{alt}} = \frac{1870{,}5W}{2000W} = 0{,}94$$

Verlust = 6%

Beispiel:

Ein Heizlüfter (2,5kW / 230V) kann in zwei Schaltstellungen betrieben werden. Schaltstellung 1 führt zur vollen Ausgangsleistung, Schaltstellung 2 führt zu einer Reduktion der Ausgangsleistung um 50%. Diese Reduktion wird durch einen Vorwiderstand erreicht.

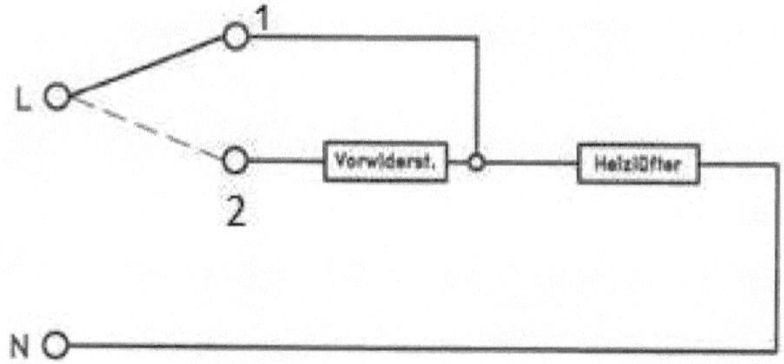

a) Wie groß ist der Widerstand der Heizlüfters bei voller Leistung?

b) Wie hoch ist die Stromaufnahme des Heizlüfters bei voller Leistung?

c) Wie groß muss der Vorwiderstand sein?

d) Wie groß ist die Aufnahmeleistung bei Abgabe der reduzierten Leistung?

a) $P = \frac{U^2}{R_H}$

$R_H = \frac{U^2}{P}$

$R_H = \frac{(230V)(230V)^2}{2500W}$

$R_H = \underline{21{,}16\Omega}$

b) $P = U \cdot I$

$I = \frac{P}{U}$

$I = \frac{2500W}{230V}$

$I = \underline{10{,}87A}$

c) Reduzierte Leistung

$P_{red} = 0{,}5 \cdot 2{,}5kW = \underline{1{,}25kW}$

Am Heizlüfter benötigte Spannung

$$P_{red} = \frac{U_{red}^{2}}{R_H}$$

$$U_{red} = \sqrt{P_{red} \cdot R_H}$$

$$U_{red} = \sqrt{1250W \cdot 21{,}16\Omega}$$

U_{red} = $\underline{162{,}6V}$

Benötigter Spannungsfall am Vorwiderstand

$U_V = U - U_{red}$

U_V = 230V – 162,6V

U_V = $\underline{67{,}4V}$

Am Heizlüfter benötigter Strom

$$I_{red} = \frac{U_{red}}{R_H}$$

$$I_{red} = \frac{162{,}6V}{21{,}16\Omega}$$

I_{red} = $\underline{7{,}68A}$

Größe des Vorwiderstandes

$$R_V = \frac{U_V}{I_{red}}$$

$$R_V = \frac{67{,}4V}{7{,}68A}$$

R_V = $\underline{8{,}78\Omega}$

d) $P_{red} = U \cdot I_{red}$

P_{red} = 230V · 7,68A

P_{red} = $\underline{1766{,}4W}$

7.3.2 Bei Wechselstrom

F2021, H2024 2a,b, F2025 4a

Bei einphasigem Wechselstrom gelten die gleichen Formeln wie bei Gleichstrom.
Ausnahme: Leistung eines Wechselstrommotors.
Hier lautet die Formel
$P = U \cdot I \cdot \cos\phi$

P = Leistung
U = Spannung
I = Strom
cosϕ = Wirkleistungsfaktor

In Wechselstromgeneratoren und in Wechselstrommotoren wird mit Elektromagneten gearbeitet. Zu ihrer Erregung wird elektrische Leistung benötigt. Dieses wird durch den Wirkleistungsfaktor berücksichtigt. Der Wirkleistungsfaktor darf nicht mit dem Wirkungsgrad verwechselt werden.
Achtung: Bei Berechnungen ist der für cosϕ angegebene Wert anzuwenden, also nicht der cos des angegebenen Wertes.

Beispiel:
Ein Wechselstrommotor hat einen cosϕ von 0,8. Welche Stromstärke entnimmt er dem 230V – Netz bei einer Nennleistung von 180W?

$$P = U \cdot I \cdot \cos\phi$$

$$I = \frac{P}{U \cdot \cos\varphi}$$

$$I = \frac{180W}{230V \cdot 0{,}8}$$

$$I = \underline{0{,}98A}$$

Beispiel:
Ein Wechselstrommotor weist folgende Daten auf

$P = 1{,}2kW,\ U = 230V,\ \cos\phi = 0{,}8,\ I = 8A$

a) Wie hoch ist die Wirkleistung des Motors?
b) Wie groß ist der Motorwirkungsgrad?

a) $P = U \cdot I \cdot \cos\phi$

$P = 230V \cdot 8A \cdot 0{,}8$

$P = \underline{1472W}$

b) $\eta = \frac{1200W}{1472W}$

$\eta = 0{,}815 = 81{,}5\%$

7.3.3 Drehstrom

F2020, F2025 4b

Werden in einem Generator drei Spulen zur Stromerzeugung angeordnet, so werden drei Wechselströme („Phasen“) erzeugt. Dieser Wechselstrom wird Drehstrom genannt. Die einzelnen Spannungen dürfen jedoch nicht addiert werden, sondern über den Faktor $\sqrt{3}$ verkettet.
Liegt z.B. an einem Hausanschluss Drehstrom (dreiphasiger Wechselstrom) mit je 230V Spannung an, dann stehen bei Nutzung aller drei Phasen 230V · $\sqrt{3}$ = 400V zur Verfügung.
Die Formel zur Berechnung der Leistung lautet:

$$P = U \cdot I \cdot \sqrt{3} \cdot \cos\phi$$

Beispiel:
Mit Hilfe einer Pumpe sollen in 4 Stunden 800 m^3 Wasser in ein 100 m höher gelegenes Becken gefördert werden. Der Wirkungsgrad der gesamten Anlage beträgt 0,65.
Wie groß ist die Stromaufnahme des Drehstrommotors bei einer Betriebsspannung von 400V und einem cosϕ von 0,92?

$$P_{Mot} \cdot \eta = P_{ab}$$

$$U \cdot I \cdot \sqrt{3} \cdot \cos\varphi \cdot \eta = \frac{m \cdot g \cdot h}{t} \quad \text{(s. 5.2)}$$

$$I = \frac{m \cdot g \cdot h}{t \cdot U \cdot \sqrt{3} \cdot \cos \quad \cdot \eta}$$

$$I = \frac{800\,000\ \text{kg} \cdot 9{,}81\frac{m}{s^2} \cdot 100m}{14400s \cdot 400V \cdot \sqrt{3} \cdot 0{,}92 \cdot 0{,}65}$$

I = <u>131,5A</u>

Mit Einheitenbetrachtung:

$$I = \frac{800\,000\ \text{kg} \cdot 9{,}81\frac{\text{m}}{\text{s}^2} \cdot 100\text{m}}{14400\text{s} \cdot 400\text{V} \cdot \sqrt{3} \cdot 0{,}92 \cdot 0{,}65}$$

$$I = \frac{7848000\text{N} \cdot 100\text{m}}{14400\text{s} \cdot 400\text{V} \cdot \sqrt{3} \cdot 0{,}92 \cdot 0{,}65}$$

$$I = \frac{784800000\ \text{Nm}}{14400\text{s} \cdot 400\text{V} \cdot \sqrt{3} \cdot 0{,}92 \cdot 0{,}65}$$

1 Nm = 1 Ws:

$$= \frac{784800000\ \text{Ws}}{14400\text{s} \cdot 400\text{V} \cdot \sqrt{3} \cdot 0{,}92 \cdot 0{,}65}$$

Kürzen/ dividieren:

$$I = \frac{784800000\ \text{W}\cancel{\text{s}}}{\cancel{14400\text{s}} \cdot 400\text{V} \cdot \cancel{\sqrt{3} \cdot 0{,}92 \cdot 0{,}65}}$$

$P = \text{U} \cdot \text{I} = [\mathbf{V} \cdot \mathbf{A}] = W, Watt:$

$$I = \frac{784800000\ \mathbf{V} \cdot \mathbf{A}}{\cancel{14400\text{s}} \cdot 400\text{V} \cdot \cancel{\sqrt{3} \cdot 0{,}92 \cdot 0{,}65}}$$

Kürzen:

$$= \frac{52618{,}0429\cancel{\text{V}} \cdot \mathbf{A}}{400\cancel{\text{V}}}$$

<u>I = 131,5451 A</u>

7.4 Elektrische Arbeit

H2024 2d,

Wie in der Mechanik errechnet sich die elektrische Arbeit als Produkt aus Leistung und Zeit

$$W = P \cdot t$$

Bei Gleichstrom gilt $P = U \cdot I$. Somit wird

$$W = U \cdot I \cdot t$$

W = Arbeit
P = Leistung
U = Spannung
I = Strom
t = Zeit

Bei Wechselstrom sind zur Berechnung der Arbeit die zur Berechnung der jeweiligen Leistung geltenden Formeln heranzuziehen (s. 7.3.2 und 7.3.3).
Die Maßeinheit für die elektrische Arbeit ist die Wattsekunde

$$1Ws = 1J$$

8. Festigkeitsberechnungen

8.1 Mechanische Spannung und Sicherheitszahl

Mit Hilfe von Festigkeitsberechnungen ist es möglich, Bauteile zu dimensionieren, vorhandene Beanspruchungen zu errechnen oder maximal zulässige Belastungen zu ermitteln.
Die auf ein Bauteil wirkende Kraft belastet dieses. Sie wirkt jedoch nicht punktförmig sondern ist über den Querschnitt des Bauteils verteilt. Wird die Kraft auf eine Flächeneinheit (mm^2, cm^2) bezogen, so bezeichnet man dieses Verhältnis als Spannung

$$\text{Spannung} = \frac{\text{Kraft}}{\text{Fläche}}$$

$$\sigma = \frac{F}{S}$$

σ = Spannung

F = Kraft

S = Querschnittsfläche

Wirken Kräfte auf ein Bauteil ein, so rufen sie an diesen Verformungen hervor.
Der Zusammenhang zwischen der Spannung und der Formänderung wird im Spannungs-Dehnungs-Diagramm dargestellt.

R_m = max. Festigkeit

R_e = Streckgrenze

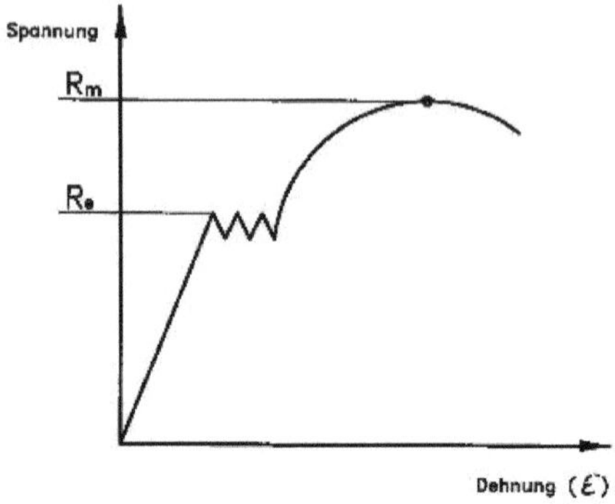

Diesem Diagramm können die wichtigsten Festigkeitswerte entnommen werden.

R_m =Zugfestigkeit

R_e = Streckgrenze

Bauteile werden technisch unbrauchbar, wenn sie plastisch verformt werden.

Bei Zugbeanspruchung zäher Werkstoffe (z.B. Stahl) geschieht dies an der Streckgrenze R_e. Auf diesen Wert ist die Sicherheitszahl ν zu beziehen. Somit beträgt die für einen zähen Werkstoff zulässige Spannung

$$\sigma_{zul} = \frac{R_e}{\nu}$$

σ_{zul} = zulässige Spannung

R_e = Streckgrenze

ν = Sicherheitszahl

Bei spröden Werkstoffen wird die Sicherheitszahl auf die maximale Festigkeit bezogen.

$$\sigma_{zul} = \frac{R_m}{\nu}$$

8.2 Beanspruchung auf Zug und Druck

H2016, H2018, H2020
Die Berechnung der Zugspannung erfolgt nach der Formel

$$\sigma_z = \frac{F}{S}$$

σ_z = Zugspannung
F = Zugkraft
S = Querschnittsfläche

Die so bestimmte vorhandene Zugspannung darf die zulässige Zugspannung nicht überschreiten.

$$\sigma_z \leqq \sigma_{z_{zul}}$$

$\sigma_{z_{zul}}$ = zulässige Spannung

v = Sicherheitszahl

$$\sigma_{z_{zul}} = \frac{R_e\,(R_m)}{\nu}$$

Für die Berechnung der Druckspannung gelten die gleichen Formeln wie für die Zugspannung. Es ist jedoch zu beachten, dass andere Werkstoffwerte einzusetzen sind.

$$\sigma_d = \frac{F}{S}$$

$$\sigma_{d_{zul}} = \frac{R_e\,(R_m)}{\nu}$$

σ_d = Druckspannung
F = Druckkraft
S = Querschnittsfläche
v = Sicherheitszahl

Beispiel:
Eine Lasche aus Stahl wird mit F = 20kN belastet. Berechnen Sie die maximale in der Lasche auftretende Zugspannung.

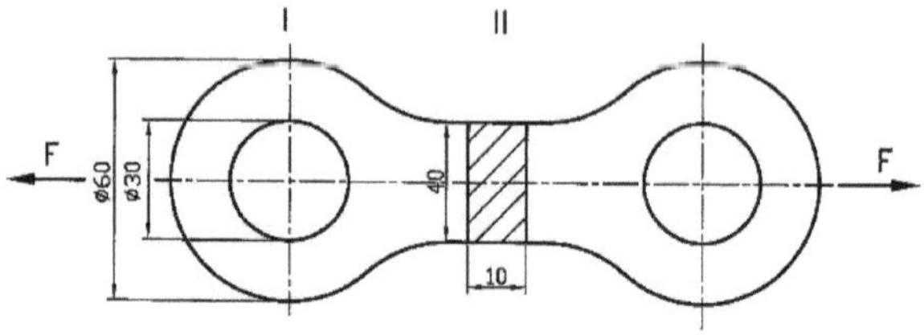

Die maximale Spannung tritt dort auf, wo die Querschnittsfläche am kleinsten ist.
Im Querschnitt I beträgt die Fläche

$$S_I = (60mm - 30mm) \cdot 10mm = 300mm^2$$

Im Querschnitt II beträgt die Fläche

$$S_{II} = 40mm \cdot 10mm = 400mm^2$$

$$\sigma_{z_{max}} = \frac{F}{S}$$

$$\sigma_{z_{max}} = \frac{20000N}{300mm^2}$$

$$\sigma_{z_{max}} = \underline{66{,}7\ N/mm^2}$$

Beispiel:
Ein Flachstahl (R_e = 235N/mm²) mit 60mm Breite und 10mm Dicke wird mit 30kN auf Zug belastet. Wie groß ist die vorhandene Sicherheit?

$$\sigma_z = \frac{F_z}{S}$$

$$\sigma_z = \frac{30000N}{60mm \cdot 10mm}$$

$$\sigma_z = 50N/mm^2$$

$$\nu = \frac{R_e}{\sigma_{z,zul}}$$

$$\nu = \frac{235\frac{N}{mm^2}}{50\frac{N}{mm^2}}$$

ν = $\underline{4{,}7}$

Beispiel:

Eine Rundgliederkette aus Stahl (R_e = 300N/mm^2) soll eine Last von 5kN bei 10facher Sicherheit tragen. Wie groß ist der Durchmesser der Kettenglieder mindestens auszuführen?

$$\sigma_{z_{zul}} = \frac{R_e}{\nu}$$

$$\sigma_{z_{zul}} = \frac{300\frac{N}{mm^2}}{10}$$

$\sigma_{z_{zul}}$ = $\underline{30N/mm^2}$

$$\sigma = \frac{F}{S}$$

$$S = \frac{F}{\sigma_{z_{zul}}}$$

$$S = \frac{5000N}{30\frac{N}{mm^2}}$$

S = $\underline{166{,}7mm^2}$

$$S = 2 \cdot \frac{d^2 \cdot \pi}{4}$$

$$S = \frac{d^2 \cdot \pi}{2}$$

$$d = \sqrt{\frac{2 \cdot S}{\pi}}$$

$$d = \sqrt{\frac{2 \cdot 166{,}7mm^2}{\pi}}$$

d = 10,3mm

8.3 Beanspruchung auf Flächenpressung

F2018,

Unter Flächenpressung versteht man die Beanspruchung in den Berührungsflächen zweier gegeneinander gedrückter Bauteile. Ursache der Flächenpressung ist immer die senkrecht auf der Fläche stehende Kraft, die Normalkraft.

$$P = \frac{F}{A}$$

P = Flächenpressung
A = Berührungsfläche
F = Druckkraft

Als zulässige Flächenpressung ist immer der geringere Wert der beiden aufeinander gepressten Werkstoffe einzusetzen.
Bei der Berechnung der Flächenpressung an runden Bauteilen (z.B. in Lagerzapfen von Gleitlagern) ist die Fläche A die Projektionsfläche als Produkt aus Lagerlänge und Lagerdurchmesser einzusetzen.

$$A_{proj} = l \cdot d$$

l = Lagerlänge
d = Lagerdurchmesser
A_{proj} = Projektionsfläche

Beispiel:
Eine Stütze aus Rundrohr hat einen Außendurchmesser von 200mm und einen Innendurchmesser von 160mm. Sie wird mit 200kN auf Druck belastet. Die quadratische Auflagefläche hat eine Seitenlänge von 300mm.

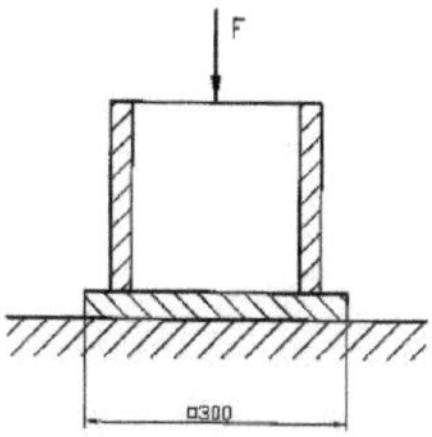

a) Wie groß ist die Flächenpressung zwischen dem Rohrquerschnitt und der Auflagefläche?
b) Wie groß ist die Flächenpressung zwischen der Auflagefläche und dem Untergrund?

a)

$$p = \frac{F}{A} \qquad A = \frac{\pi}{4} \cdot (D^2 - d^2)$$

$$p = \frac{200000N}{11310mm^2} \qquad A = \frac{\pi}{4} \cdot ((200mm)^2 - (160mm)^2)$$

p = <u>17,7N/mm²</u> $\qquad A = 11310mm^2$

b) $p = \frac{F}{A}$ $\qquad A = (300mm)^2$

$A = 90000mm^2$

$$p = \frac{200000N}{90000mm^2}$$

$p = \underline{2{,}2N/mm^2}$

Beispiel:
Eine Lagerung wird mit einer Radialkraft von 20kN und einer Axialkraft von 8kN belastet. Der Zapfendurchmesser wurde mit

60mm vorgegeben. Die zulässige Flächenpressung in der Lagerung beträgt 4N/mm².

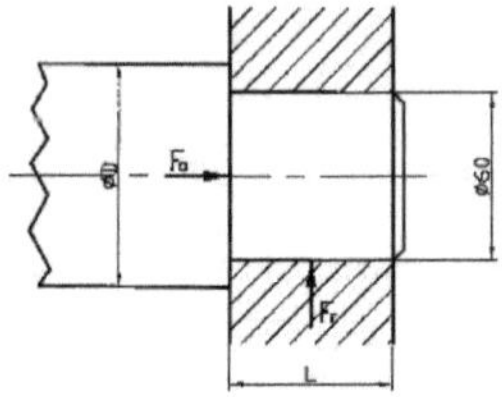

a) Berechnen Sie die erforderliche Lagerlänge L

b) Berechnen Sie den Mindestdurchmesser D

a) $$p = \frac{F_r}{A}$$

$$A = \frac{F_r}{p_{zul}}$$

$$A = \frac{20000\text{N}}{4\frac{\text{N}}{\text{mm}^2}}$$

$$A = 5000\text{mm}^2$$

$$A = L \cdot d$$

$$L = \frac{A}{d}$$

$$L = \frac{5000\text{mm}^2}{60\text{mm}}$$

$L = \underline{83{,}3\text{mm}}$

b) $$p = \frac{F_a}{A}$$

$$A = \frac{F_a}{p_{zul}}$$

$$A = \frac{8000N}{4\frac{N}{mm^2}}$$

$A = 2000mm^2$

$$A = \frac{\pi}{4} \cdot (D^2 - d^2)$$

$$D = \sqrt{\frac{4 \cdot A}{\pi} + d^2}$$

$$D = \sqrt{\frac{4 \cdot 2000mm^2}{\pi} + (60mm)^2}$$

D = <u>78,4mm</u>

8.4 Beanspruchung auf Scherung

H2017, F2019,

Eine Scherbeanspruchung tritt auf, wenn ein Bauteil durch zwei gegeneinander gerichtete Kräfte auf der gleichen Wirklinie belastet wird. Auf Abscherung beanspruchte Bauteile sind z.B. Niete, Bolzen oder Stifte.

Eine Abscherbeanspruchung tritt auch bei Schneid-vorgängen in der Fertigungstechnik, z.B. beim Schneiden, Lochen oder Stanzen auf.

Die Scherspannung wird berechnet nach der Formel

$$\tau_a = \frac{F}{S}$$

τ_a = Scherspannung

F = Scherkraft

S = Querschnittsfläche

Die Scherfestigkeit $\tau_{a,b}$ ist für Stähle anzusetzen mit

$$\tau_{a,b} \approx 0{,}8 \cdot R_m$$

$\tau_{a,b}$ = Scherfestigkeit

R_m = Zugfestigkeit

Die zulässige Scherspannung beträgt

$$\tau_{a,zul} = \frac{\tau_{a,B}}{\nu}$$

$\tau_{a,zul}$ = zulässige Scherspannung

ν = Sicherheitszahl

Beispiel:

Zwei Flachstähle, die durch einen Bolzen miteinander verbunden sind, haben eine Zugkraft von 16kN aufzunehmen. Der Bolzenwerkstoff hat eine Zugfestigkeit von $420 N/mm^2$. Wie groß ist der Bolzendurchmesser mindestens auszuführen, wenn eine Sicherheit von 2 gefordert wird?

$$\tau_{a,b} \approx 0{,}8 \cdot R_m$$

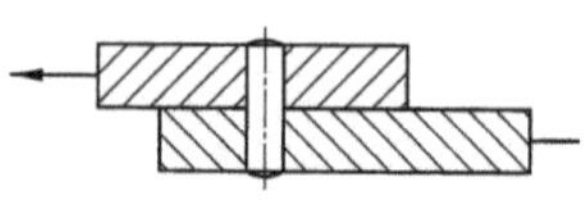

$\tau_{a,b} \approx 0{,}8 \cdot 420\text{N/mm}^2$

$\tau_{a,b} \approx 336\text{N/mm}^2$

$$\tau_{a,zul} = \frac{\tau_{a,B}}{\nu}$$

$$\tau_{a,zul} = \frac{336\frac{N}{mm^2}}{2}$$

$\tau_{a,zul}$ = <u>168N/mm²</u>

$$\tau_{a,zul} = \frac{F}{S}$$

$$S = \frac{F}{\tau_{a,zul}}$$

$$S = \frac{16000N}{168\frac{N}{mm^2}}$$

$S = \underline{95{,}2\text{mm}^2}$

$$S = \frac{d^2 \cdot \pi}{4}$$

$$d = \sqrt{\frac{4 \cdot S}{\pi}}$$

$$d = \sqrt{\frac{4 \cdot 95{,}2mm^2}{\pi}}$$

$d = \underline{11\text{mm}}$

Beispiel:
Aus 3mm dickem Stahlblech (R_m = 550 – 650N/mm²) sollen Ronden mit 20mm Durchmesser gestanzt werden.

a) Wie groß muß die Kraft der Presse mindestens sein?
b) Wie groß ist die beim Stanzvorgang im Stempel auftretende Druckspannung?

a) $F = S \cdot \tau_{a,B}$ $\qquad \tau_{a,b} \approx 0{,}8 \cdot R_m$

$S = 188{,}5mm^2 \cdot 520N/mm^2$ $\qquad \tau_{a,b} \approx 0{,}8 \cdot 650N/mm^2$

$F = \underline{98020N}$ $\qquad \tau_{a,b} \approx 520N/mm^2$

$$S = d \cdot \pi \cdot t$$
$$S = 20mm \cdot \pi \cdot 3mm$$
$$S = 188{,}5mm^2$$

b) $\sigma_d = \frac{F}{S}$ $\qquad S = \frac{d^2 \cdot \pi}{4}$

$\sigma_d = \frac{98020N}{314{,}2mm^2}$ $\qquad S = \frac{(20mm)^2 \cdot \pi}{4}$

$\sigma_d = \underline{312N/mm^2}$ $\qquad S = 314{,}2mm^2$

Beispiel:
Das abgebildete Lochblech aus Stahl (R_m = 450 – 510 N/mm²) soll in einem Stanzvorgang hergestellt werden. Welche Stanzkraft ist mindestens erforderlich?

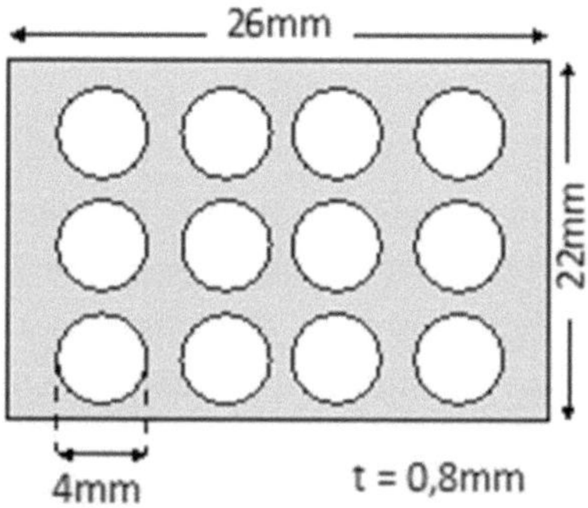

$F = S \cdot \tau_{a,B}$ $\quad$ $\tau_{a,b} = 0{,}8 \cdot R_m$

$F = 197{,}44mm^2 \cdot 410N/mm^2$ $\quad$ $\tau_{a,b} = 0{,}8 \cdot 510N/mm^2$

$F = \underline{80950N}$ $\quad$ $\tau_{a,b} = 410N/mm^2$

$S = L \cdot t$

$L = 2(26mm + 22mm) + 12 \cdot \pi \cdot 4mm$

$L = \underline{246{,}8mm}$

$S = 246{,}8mm \cdot 0{,}8mm$

$S = 197{,}44mm^2$

9 Statistik

Um Informationen über zu lösende Problemstellungen zu erhalten ist es erforderlich, eine statistische Erhebung durchzuführen. Diese beinhaltet im Allgemeinen eine Fülle von Einzelinformationen zu einem interessierenden Sachverhalt.
Dabei ist es aus verschiedenen Gründen nicht immer möglich oder sinnvoll, alle Daten zu erfassen. Daher ist es in der Regel so, dass man sich auf die Daten einer Stichprobe beschränkt, um dann aus den Ergebnissen der Stichprobe auf die Eigenschaften der Grundgesamtheit zu schließen. Die Aufgabe der Statistik besteht also zunächst darin, eine Vielzahl voneinander unabhängiger Einzelinformationen übersichtlich darzustellen und auf wenige Stichprobenkenngrößen zu verdichten.

9.1 Darstellung statistischer Daten

H2021

Die für eine statistische Erhebung erfassten Daten werden als Urliste bezeichnet. Diese ist in der Regel ungeordnet und unübersichtlich. Um die Informationen aus dieser ungeordneten Datenmenge auswerten zu können, ist es zunächst erforderlich, die Daten anzuordnen und zu verdichten, denn nur so lassen sich anschließend Schlussfolgerungen zur Lösung der Problemstellungen ziehen. Die in der Urliste aufgeführten Daten werden in einer Häufigkeitstabelle zusammengestellt und geordnet.

Beispiel:
Überprüfung der Genauigkeit eines Abfüllprozesses

abgefüll-tes Volu-men(ml)	absolute Häufig-keit	relative Häufig-keit	absolute Sum-men-häufig-keit	relative Sum-men-häufig-keit
7,97	1	2	1	2
7,98	7	14	8	16
7,99	21	42	29	58
8,00	15	30	44	88
8,01	6	12	50	100

Die Merkmalsausprägung „7,98ml" liegt 7 mal vor. Dieser Wert beschreibt die absolute Häufigkeit.

Um die Fragestellung zu beantworten, wie hoch der Anteil der Merkmalsausprägung „7,98ml" ist, ist die relative Häufigkeit zu berechnen. Dazu wird der Wert der absoluten Häufigkeit auf die Summe aller Werte bezogen. Man erhält so den Wert 7/50 = 0,14 = 14%

Die absolute Summenhäufigkeit wird bestimmt, indem die Anzahl der Merkmalsausprägungen über einen bestimmten Bereich addiert werden. Sie gibt an, wie viele Merkmalsausprägungen bestimmte Anforderungen erfüllt haben. Die Häufigkeit der Werte, die kleiner sind als 7,98ml beträgt 1. Die Häufigkeit der Werte, die kleiner sind als 7,99ml, beträgt 1 + 7 = 8, die Häufigkeit der Werte, die kleiner sind als 8,00ml beträgt 1 + 7 + 21 = 29.

Der Wert der relativen Summenhäufigkeit wird ermittelt, indem der Wert absoluten Summenhäufigkeit wie bei der relativen Häufigkeit auf die Gesamtsumme bezogen wird.

Die graphische Darstellung der tabellarischen Häufigkeits-verteilung erfolgt meistens in Form eines Histogramms und einer Summenkurve.

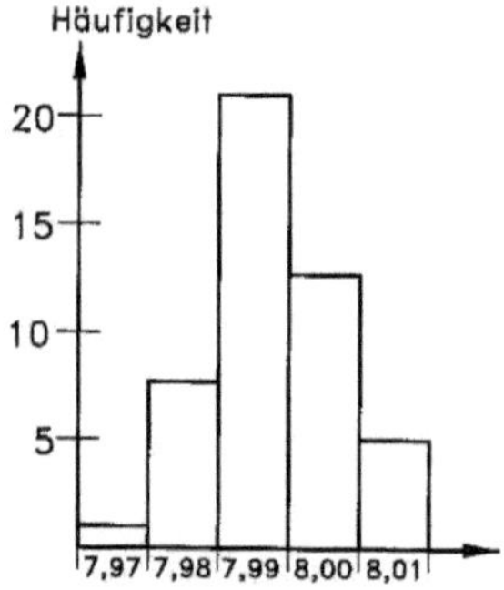

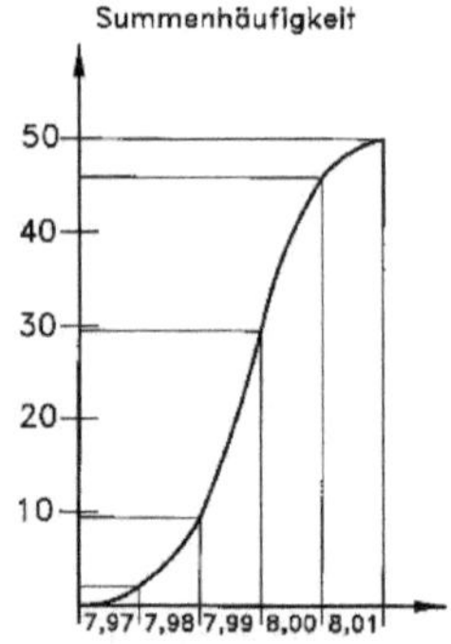

Histogramm Summenkurve

9.2 Berechnung statistischer Kenngrößen

Durch die Berechnung von Stichprobenkenngrößen lässt sich das tabellarisch und / oder graphisch dargestellte Zahlen-material unter speziellen Fragestellungen auf Zahlenwerte verdichten.

9.2.1 Lagemaße

F2015, H2015, F2016, H2016, F2017, H2017, F2018, H2022, F2023, H2023, F2024, H2024 Aufg.5, F2025 5, H2025 5a

Lagemaße geben an, wo der mittlere Wert des Datenmaterials liegt. Sie kennzeichnen die Größenordnung der Meßwerte und geben an, wo der mittlere Wert des Datenmaterials liegt.

Der arithmetische **Mittelwert**
Der arithmetische Mittelwert wird berechnet, indem man die Summe aller Einzelwerte bildet und diese durch die Anzahl der Einzelwerte dividiert. Das arithmetische Mittel einer Stichprobe erhält das Formelzeichen $\overline{x}$.

$$\overline{X} = \frac{x_1 + x_2 + \ldots + x_n}{n}$$

$$\overline{X} = \frac{1}{n} \Sigma x_i$$

Die Berechnung dieses Wertes erfolgt zweckmäßigerweise mit Hilfe der Statistikfunktion eines Taschenrechners.

Der **Median** (Zentralwert)
Der Median kennzeichnet den Wert einer Datenreihe, bei dem 50% der Werte kleiner und 50% der Werte größer sind. Der

Median beschreibt also genau die Mitte einer nach Größe geordneten Datenreihe.
Er wird wie folgt ermittelt:
Bei einer ungeraden Anzahl von Daten liegt der Median an der

$\frac{N+1}{2}$ ten Stellen = Anzahl der Daten

Bei einer geraden Anzahl von Daten ist der Median das arithmetische Mittel aus den beiden an der Mitte liegenden Werten.
Der Median erhält das Formelzeichen $\tilde{x}$.

Der **Modalwert**
Der Modalwert kennzeichnet den Wert einer Datenreihe, der am häufigsten vorkommt.
Er erhält das Formelzeichen D

Beispiel:
Bei der Überprüfung des Volumens von Tuben wurden folgende Werte ermittelt

Volumen (ml)	Häufigkeit
7,97	1
7,98	7
7,99	21
8,00	15
8,01	6

a) Ermitteln Sie den arithmetischen Mittelwert
b) Ermitteln Sie den Median
c) Ermitteln Sie den Modalwert

a) $\bar{x}$ = 7,9936ml

b) Es liegen 50 Meßwerte vor, somit ist das arithmetische Mittel aus dem 25. und 26. Wert zu bilden. Beide Werte betragen 7,99ml, also ist $\tilde{x}$ = 7,99ml

c)Der am häufigsten vorkommende Wert ist 7,99ml

Beispiel:
Bei der Überprüfung der Masse von Verpackungseinheiten wurde eine Stichprobe von 65 Einheiten entnommen.
Die aus dem Stichprobenergebnis aufbereiteten Daten sind in der untenstehenden Tabelle zusammengefasst.

Masse in Gramm		Häufigkeit	Klassenmitte
über	bis		
460	462	3	461
462	464	4	463
464	466	12	465
466	468	20	467
468	470	17	469
470	472	7	471
472	474	2	473

Bestimmen Sie
a) das arithmetische Mittel
b) den Median
c) den Modalwert
Bei diesem Beispiel handelt es sich um die Bearbeitung von klassierten Daten. Zur Berechnung ist daher von den jeweiligen Klassenmitten auszugehen.

a) $\bar{x}$ = <u>467,25g</u>

b) Anzahl der Daten: 65

Der Median steht an der Stelle:

$\frac{65+1}{2} = 33$

Der 33. Wert ist <u>467g</u>

d) D = <u>467g</u>

9.2.2 Streuungsmaße

H2015, F2016, F2019, H2019; F2020, F2022, H2022, F2023, H2023, F2024, H2024 5, F2025 5b, H2025 5a

Die **Lagemaße** beschreiben eine Häufigkeitsverteilung nur unvollständig, da sie keine Aussage über die Größe der Abweichung der einzelnen Merkmalsausprägungen machen.
Um qualifizierte Aussagen über die Eigenschaften einer Datenmenge treffen zu können, ist daher neben der Angabe eines Lagemaßes immer auch die Angabe eines Streuungsmaßes erforderlich.
Streuungsmaße kennzeichnen die Streuung der Stichprobenwerte. Sie geben Auskunft über die Abweichung von einem Lagemaß.

Die **Spannweite** (Range)
Die Spannweite ist die Differenz zwischen dem größten und dem kleinsten Wert einer Stichprobe.

$$R = x_{max} - x_{min}$$

Die **Stichprobenstandardabweichung**
Die Standardabweichung einer Stichprobe wird berechnet mit der Formel

$$S = \sqrt{\frac{1}{n-1}\ \Sigma\,(x_i - \bar{x})^2}$$

Die Stichprobenstandardabweichung ist das gebräuchlichste Streuungsmaß. Sie lässt sich interpretieren als *durchschnittliche Abweichung der einzelnen Messwerte vom arithmetischen Mittelwert.*

Die Berechnung der Stichprobenstandardabweichung erfolgt mit Hilfe des Taschenrechners. Dabei ist zu beachten, dass zwischen der Standardabweichung der Grundgesamtheit (σ) und der Standardabweichung der Stichprobe (s) unterschieden werden muss.

Beispiel:
Die Spannweite und die Stichprobenstandardabweichung der zur Überprüfung der Abfüllanlage (s.9.1 u. 9.2.1) erhobenen Daten sind zu ermitteln.

$$R = 8{,}01ml - 7{,}97ml$$
$$R = \underline{0{,}04ml}$$

$$s = 9{,}424 \cdot 10^{-3}ml$$
$$s = 0{,}00942ml$$

Beispiel:
Bei der Fertigung von Glühlampen wurden bei einer Stichprobe 425 Glühlampen auf ihre Brenndauer untersucht.

Brenndauer in Stunden		Häufigkeit
über	bis	
80	180	13
180	280	78
280	380	253
380	480	67
480	580	14

Das arithmetische Mittel und die Stichprobenstandardabweichung sind zu berechnen.
Da es sich um klassierte Daten handelt, ist von den Klassenmitten auszugehen.

$$\bar{x} = \underline{327{,}9h}$$

$$s = \underline{77{,}2h}$$

9.3 Normalverteilung

F2021, F2022, H2022, F2023, H2023, H2024 5, *F2025 5d*

Aus den Messungen gewonnenen Daten werden Verteilungen entwickelt. Diese empirischen Verteilungen (s.9.1) lassen sich häufig mit theoretischen Verteilungen beschreiben. Die am häufigsten zur Beschreibung empirischer Verteilungen herangezogene Verteilung, ist die Gauß`sche Normalverteilung. Diese Verteilung hat immer die Form einer Glockenkurve, die jedoch steiler oder flacher ausfallen kann. Die Fläche unter der Glockenkurve entspricht immer 100 Prozent aller Werte.

Viele der durch Experimente ermittelten Merkmalswerte lassen sich als normalverteilt ansehen. Kann die Datenmenge einer Stichprobe als normalverteilt angesehen werden, so wird sie durch die Kenngrößen Mittelwert und Stichprobenstandardabweichung eindeutig beschrieben.

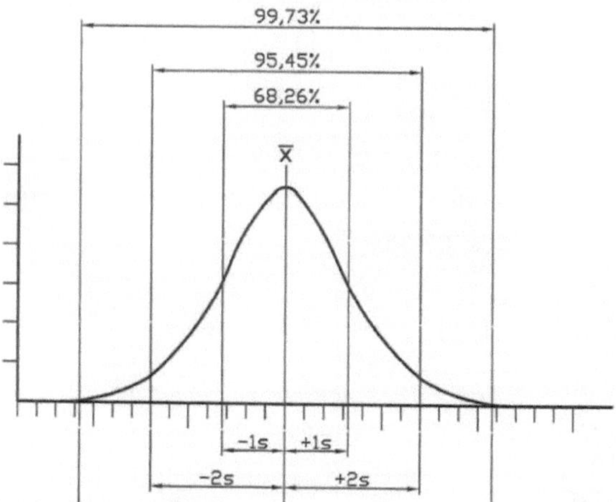

Kann von einer Normalverteilung ausgegangen werden, so beträgt der Flächeninhalt zwischen +/- 1s 68,26%, also liegen in diesem Bereich auch 68,26% der Beobachtungswerte. Zwischen +/- 2s befinden sich 95,45% der Werte und zwischen +/- 3s 99,73%. - Voraussetzung für die Anwendung der oben getroffenen Aussagen ist jedoch, dass die Daten der Stichprobe tatsächlich als normalverteilt anzusehen sind.

Eine einfache Methode zur Überprüfung einer Datenmenge auf Normalverteilung ist die Konstruktion der Wahrscheinlichkeitsgeraden in einem Wahrscheinlichkeitsnetz. In dieses Netz werden die relativen Summenhäufigkeiten (s.9.1) eingetragen. Lässt sich eine Ausgleichsgerade durch die eingetragenen Punkte ziehen, so dürfen die Daten der Stichprobe als normalverteilt angesehen werden.

Achtung:

Eine exakte Wahrscheinlichkeitsgerade ist nie möglich, da die Gauß`sche Normalverteilung eine theoretische Verteilung ist und in dieser Form nicht bei realen Daten auftreten kann. Der Wert für 100% kann nicht eingetragen werden.

Aus dem Wahrscheinlichkeitsnetz lassen sich die Werte für $\bar{x}$ und s mit ausreichender Genauigkeit graphisch ermitteln.

Beispiel:

Bei der Überprüfung der Genauigkeit eines Abfüllprozesses wurden folgende Werte ermittelt

Volumen (ml)	Häufigkeit
7,97	1
7,98	7
7,99	21
8,00	15
8,01	6

a) Beurteilen Sie mit Hilfe eines Wahrscheinlichkeitsnetzes, ob von einer Normalverteilung der Werte ausgegangen werden kann.

b) Ermitteln Sie aus dem Wahrscheinlichkeitsnetz das arithmetische Mittel und die Stichprobenstandardabweichung.

c) Berechnen Sie aus den Daten das arithmetische Mittel und die Stichprobenstandardabweichung.

d) Bestimmen Sie die Grenzwerte, die 99,73% der Werte einschließen.

a) Zunächst ist die relative Summenhäufigkeit zu bestimmen (s.9.1)

Volumen (ml)	absolute Summenhäufigkeit	**relative** Summenhäufigkeit
7,97	1	2
7,98	8	16
7,99	29	58
8,00	44	88
8,01	50	100

Auf der waagerechten Achse des Wahrscheinlichkeits-netzes sind die Merkmalsausprägungen in gleichen Abständen einzutragen. Die Breite eines Feldes für einen einzelnen Wert hängt von der Anzahl der Merkmalsausprägungen ab, der Beginn der Eintragung ist beliebig. Über den oberen Grenzen der einzelnen Werte ist der zugehörige Wert der relativen Summenhäufigkeit aufzutragen. Die relative Summenhäufigkeit 100% kann nicht eingetragen werden. Liegen die einzelnen Punkte an einer Ausgleichsgeraden, ist die Datenmenge als normalverteilt anzusehen. Das ist hier der Fall

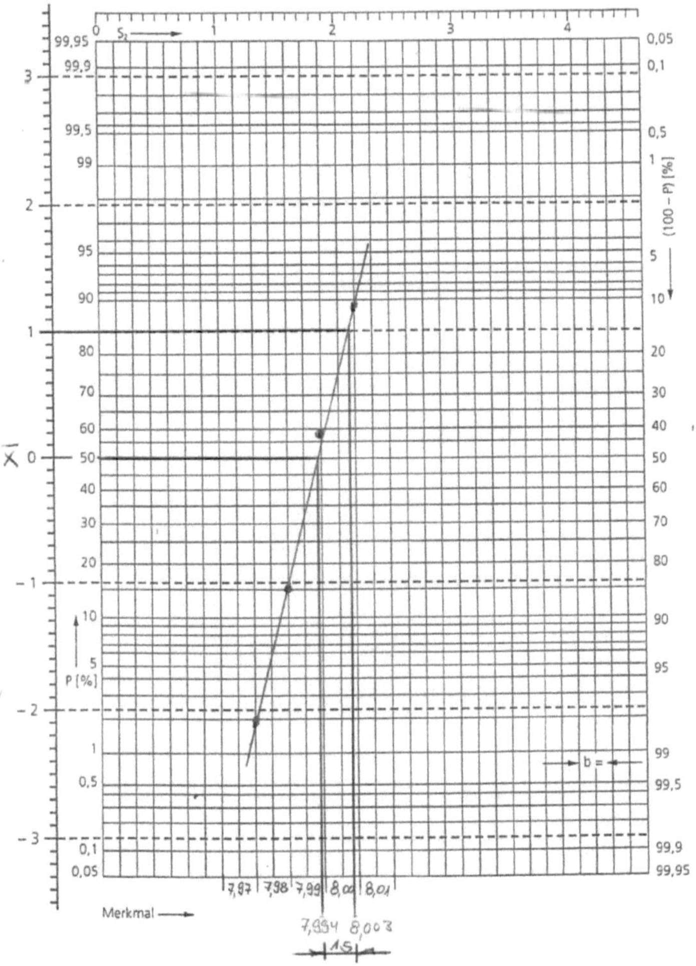

S₂
0
1
2
3
4
99,95
99,9
99,5
99
95
90
80
70
60
50
40
30
20
10
5
P [%]
1
0,5
0,1
0,05
0,05
0,1
0,5
1
(100 – P) [%]
5
10
20
30
40
50
60
70
80
90
95
99
99,5
99,9
99,95
b =
3
2
1
0
– 1
– 2
– 3
Merkmal

b) $\bar{x}$ = <u>7,994ml</u>

s = 8,003ml – 7,994ml = <u>0,009ml</u>

c) $\bar{x}$ = <u>7,9936ml</u>

s = 0,00942ml

d) oberer Grenzwert

OGW = $\bar{x}$ + 3s = 7,9936ml + 3 · 0,00942ml = <u>8,022ml</u>

unterer Grenzwert

UGW = $\bar{x}$ - 3s = 7,9936ml - 3 · 0,00942ml = <u>7,965ml</u>

9.3.1 Dichtefunktion

F2020, H2020

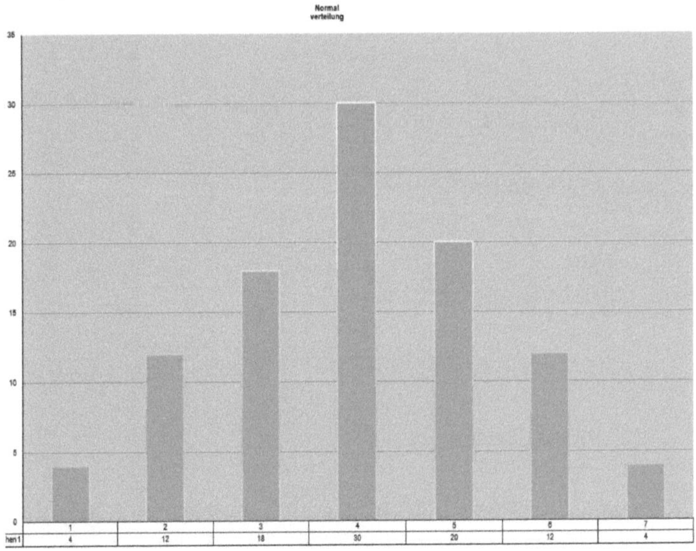

Bei normalverteilten Prüfwerten (vgl. Grafik) einer Stichprobe gilt: Unter der Annahme unendlich vieler Einzelwerte werden die Balken immer kleiner und damit auch die Klassenbreiten. Durch das Antragen der absoluten und relativen Häufigkeitswerte auf der Y-Achse, ergibt sich auf der x-Achse die Wahrscheinlichkeitsdichte g(x):

$$g(x) = \frac{\textbf{Wahrscheinlichkeit}, \textit{dass ein Messwert eine Klasse belegt}}{\textit{Breite der Klasse}}$$

Die beiden Parameter Mittelwert($\overline{x}$), und Standardabweichung(s), beschreiben die Normalverteilung. Die Lage der Verteilung erfolgt auf der x-Achse, durch den Mittelwert($\overline{x}$) und bestimmt das Maximum der Kurve. (**e** = Eulersche Zahl = 2,718...)

$$g(x) = \frac{1}{s \cdot \sqrt{2 \cdot \pi}}\, e^{-\frac{1}{2} \cdot \left(\frac{x - \bar{x}}{s}\right)^2}$$

Beispiel:

Bestimme den Wert der Wahrscheinlichkeitsdichte g(x), der Stichprobe, für die Getriebewellen. Die Einzelwerte für die Durchmesser betragen x_1 = 9,5 mm und x_2 = 9,1 mm. Der Mittelwert wurde mit $\bar{x} = 9{,}25$ und die Standardabweichung, s, mit 0,091 ermittelt. Die Werte sind normalverteilt.

$$g(x) = \frac{1}{0.091\sqrt{2\pi}} \cdot e^{\left(-\frac{1}{2}\right) \cdot \left(\frac{(9{,}5 - 9{,}25)^2}{(0.091)^2}\right)^1} = 0{,}01$$

$$g(x) = \frac{1}{0.091\sqrt{2\pi}} \cdot e^{\left(-\frac{1}{2}\right) \cdot \left(\frac{(9{,}1 - 9{,}25)^2}{(0.091)^2}\right)^1} = 1{,}127$$

9.4 Maschinen- und Prozessfähigkeit

H2025 A5b

Eine Maschinenfähigkeitsuntersuchung (MFU) ist eine Kurzzeitstudie, die bewertet, wie gut eine Maschine vorgegebene Qualitätsanforderungen erfüllt und ob sie für die Fertigung eines Teils in der geforderten Präzision fähig ist. Dabei werden Werkstücke unter konstanten Bedingungen gefertigt und deren Merkmale gemessen, um die Stabilität der Maschine zu beurteilen und potenzielle Fehlerquellen zu identifizieren. Die Ergebnisse werden mit den Fähigkeitskoeffizienten Cm

und Cm^k bewertet, wobei Cm das reine Maschinenpotential und Cm^kdie tatsächliche Leistung unter Berücksichtigung von Mittelwertverschiebungen darstellt.
Oder anders ausgedrückt:
Cm^k stellt den realistischen Wert dar. Das der Mittelwert bei einer Stichprobenauswertung im Ergebnis genauso groß wird, wie die Toleranzmitte und damit exakt mit dem Mittelwert deckungsgleich übereinander liegt(wie bei Cm), ist zwar theoretisch möglich, aber in der Realität unwahrscheinlich.

Cm

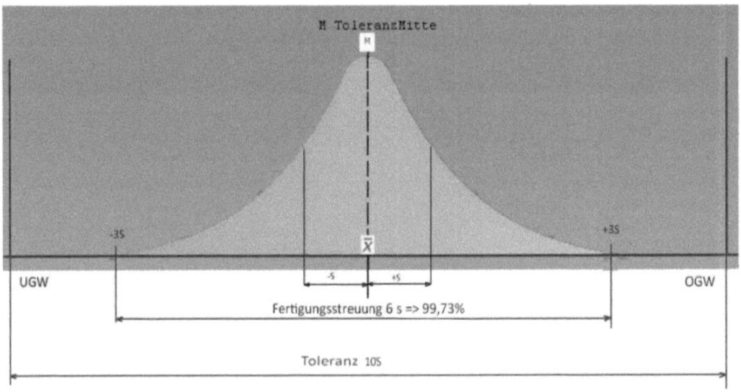

$$C_m = \frac{T}{6 \cdot s} = \frac{10S}{6 \cdot s} = 1{,}67$$

Hinweis:

$\bar{x}$ oder μ = Mittelwert

$\delta \text{ oder } s = Standardabweichung$

1,67 ist ein Standardwert, der bei einer MFU meistens gefordert wird. Dieser Wert muss mindestens eingehalten werden, damit für eine Maschine, die vorgegebene Qualitätsanforderungen als erfüllt betrachtet werden kann.

Die MFU wird eingesetzt vor dem Einsatz neuer, oder überholter Maschinen, nach Reparaturen, und vor der Einführung von Qualitätsregelkarten.
Die Maschinenfähigkeit ist darüber hinaus Voraussetzung für die Prozessfähigkeit.

Cm^k

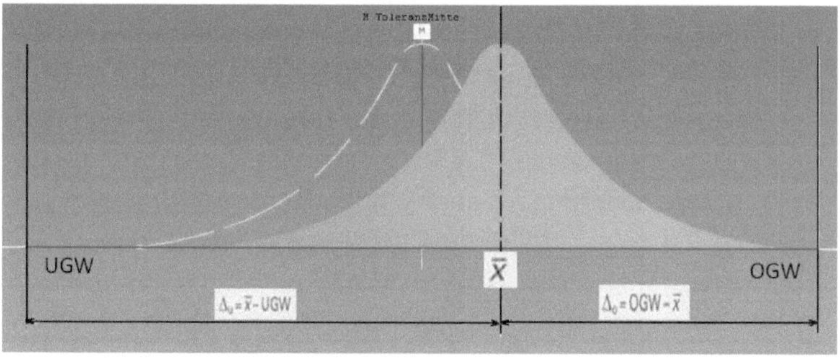

$$C_{mk} = \frac{\Delta_{krit}}{3 \cdot s}$$

Je nachdem ob sich der Mittelwert über oder unter der Toleranzmitte befindet, entscheidet was für Δ_{krit} eingesetzt wird.
Mittelwert über der Toleranzmitte näher an OGW, gilt: $\Delta_o = OGW - \overline{x}$
Mittelwert unter der Toleranzmitte näher an UGW, gilt: $\Delta_u = \overline{x} - UGW$

Prozessfähigkeit

H2025 A5b

Cp und Cpk sind Prozessfähigkeitsindizes, die die Fähigkeit eines Prozesses bewerten, Produkte innerhalb der vorgegebenen Spezifikationsgrenzen herzustellen. Cp betrachtet nur die Streuung des Prozesses im Verhältnis zur Gesamtbreite der Toleranz (potenzielle Fähigkeit). Cp^k berücksichtigt zusätzlich, ob der Prozessmittelwert zur Toleranzmitte zentriert ist. Ein hoher Cp^k-Wert (idealerweise >1,33) ist erstrebenswert, da er sowohl eine geringe Streuung als auch eine gute Zentrierung anzeigt.
Unterschied zwischen Cp und Cpk:
Cp (Prozessfähigkeit):
Dieser Index vergleicht die gesamte Prozessstreuung mit dem Toleranzbereich. Er zeigt, wie gut der Prozess theoretisch sein könnte, wenn er perfekt zentriert wäre.

Cp^k (Prozessfähigkeitsindex):
Dieser Index ist ein realistischeres Maß, ähnlich Cm^k, da er die Prozesslage (Mittelwert) berücksichtigt.
Die Berechnungen von Cp und Cp^k, erfolgen gleichermaßen wie bei Cm und Cm^k

Beispiel:

Wegen einer Prozessfähigkeitsanalyse über einen längeren Produktionszeitraum bei der Herstellung von Elektrobauteilen, werden die Ströme gemessen. Das Ergebnis ist normalverteilt mit einer Prozessmittellage von μ = 28mA
und einer Standardabweichung δ = 1,55mA
Für den Kunden gilt eine Prozessfähigkeit bei Cp > 1.33 und Cpk > 1,33 als nachweislich erfüllt.

a) gesucht: die Toleranzgröße T dieses 0ualitätsmerkmales

b) Ermittle
- den oberen Grenzwert [OGW] und
- den unteren Grenzwert [UGW]
des Qualitätsmerkmales

a) $C_p = \frac{T}{6 \cdot \delta}$ → T = 1,33 · 6 · 1,55mA = 12,369mA

b) $C_{pk} = \frac{\Delta krit}{3 \cdot \delta} = \frac{OGW - \mu}{3 \cdot \delta}$ →
OGW = μ + $C_{pk} \cdot 3 \cdot \delta$
OGW = 28mA + 1,33 · 3 · 1,55mA = 34,1845mA

$C_{pk} = \frac{\Delta krit}{3 \cdot \delta} = \frac{\mu - UGW}{3 \cdot \delta}$ →
UGW = μ - $C_{pk} \cdot 3 \cdot \delta$
UGW = 28mA – 1,33 · 3 · 1,55mA = 21,8155mA

Stichwortverzeichnis